Christiane Blenski

Schnüffelspiele für Hunde

KOSMOS

Hunde sind dufte!

Ganz persönlich

Wissen Sie, welcher Duft mein Lieblingsduft ist? Keine Küchendüfte, kein Designer-Parfüm, kein Blumenstrauß. Ganz anders.

Mein Lieblingsduft ...

... kommt von Jaden, wenn er durch und durch nach Sommer riecht – nach Fell, das von der milden Nachmittagssonne gewärmt wurde, nach Gras und Wiese unter den Pfoten. Kennen Sie diesen Geruch? Ich rieche ihn auch jetzt, obwohl ich ihn nur für Sie hier am Schreibtisch sitzend beschreibe und draußen der Himmel voller typisch norddeutscher Wolken hängt.

Tage wie dieser!

Ich liebe diesen Duft, der weit über Juli und August hinaus in meine Nase steigen kann. Zum Beispiel an goldenen Oktobertagen oder trockenen sonnigen Februartagen und an herrlichen Frühlingstagen im zurecht so benannten Wonnemonat Mai. Und dann erinnert er mich an endlose Sommerferien, an Grillfeste und milde Nächte, an Abende im Kerzenschein auf der Terrasse und die Tür zum Garten, die immer offen steht. Es sind die perfekten Tage, an die ich denke, an denen Jaden sich auf dem frisch gemähten Rasen so richtig lang macht, sich glücklich auf dem Gras dreht und wälzt. Tage, an denen ich oft höre, wie er seine Zunge nicht in seinen Wassernapf, sondern in den Kinderpool oder die Gießkanne steckt, um

seinen Durst zu löschen. Tage, an denen wir beide am liebsten frühmorgens unterwegs sind, wenn noch der Tau auf den Feldern liegt.

Duft macht froh

Weil ich an all diese schönen Dinge denke, macht mich dieser Duft so froh. Ich sage dann oft zu meinem Mann: „Schnupper mal, Jaden riecht so herrlich nach Sommer." Mein Mann schmunzelt dann, streichelt erst mich und dann Jaden und lächelt (oder lacht er mich aus?).

Als Jaden und ich begannen, bei unserer täglichen Zusammenarbeit und auf den Spaziergängen nicht nur seine Schnelligkeit, Konzentrationsfähigkeit, Geschicklichkeit und Lust auf fliegende Wurfscheiben, versteckte Handschuhe und Bälle an der Schnur zu setzen, sondern auf seine Nase, kamen ganz neue Möglichkeiten ins Spiel. Ich entdeckte, auch meinen Jaden machen Düfte froh. Er ist mit Begeisterung verschiedensten Gerüchen und Herausforderungen auf der Spur. Für mich ein Beweis mehr:

Von neuen Jobs können Hunde gar nicht genug bekommen. Und ich weiß genau: Ihr Hund hat gern die Nase vorn!

Neid auf diese Nase!

Die neue Nasenarbeit hat mir ehrlich gesagt und bildlich gesprochen die Augen geöffnet. Denn: Man kann ja viel lesen über Hunde und lernen von anderen. Spürt man es aber selbst in der Zusammenarbeit mit

seinem Hund, wie versiert und differenziert er mit seiner Nase umgehen kann, da erblassen wir Menschen vor Neid. Das können wir nicht.

Es war für mich ein wahres Aha-Erlebnis, dass diese Arbeit meinen Hund genauso – wenn nicht noch mehr – anstrengt wie das Lernen und Wiederholen von kniffligen Tricks oder kleinen Bewegungsfolgen beim Dogdance.

Fährten statt Hüten

Man sagt ja immer, Kopfarbeit lastet den Hund erst richtig aus. Nach einigen Monaten intensiver Nasenarbeit weiß ich, dass es neben ordentlich Bewegung für einen Hund kaum etwas Schöneres gibt, als sein kleines schwarzes Wunderwerk von Nase einzusetzen. Dabei haben Sie auf dem Foto sicher längst erkannt, dass mein Jaden kein typischer Fährtensuchhund ist. Er ist ein

Australian Shepherd und gehört damit zu den Hütehunden. Er stammt aus einer Arbeitslinie und seine Eltern sind mehrfach ausgezeichnet in ihrer „Arbeit am Schaf" (echte Höchstleistungen können diese Hunde im Team mit ihrem Menschen da vollbringen!). Jaden arbeitet nur mit einem Schaf: mit mir. Nein, nein. Jaden hütet mich nicht, außer sein Familienrudel trennt sich aus für ihn völlig unverständlichen Gründen, dann lebt sein Zusammentreib-Trieb auf – allerdings nur kurz.

Mein Allesausprobierer

Zu meiner Freude ist Jaden so wie ich: ein begeisterter Allesausprobierer, auf den ich sehr stolz bin und der meine Lust auf Abwechslung teilt. Meinen immer neuen Beschäftigungsideen kommt er auch jetzt im Alter von tatsächlich schon sieben Jahren noch mit dem gleichen Eifer nach wie in

den ersten, für immer unvergesslichen Wochen als Welpe und tapsiger Junghund. Ich wünsche mir, dass Sie und Ihr Hund ebenso wie wir einfach Spaß am Ausprobieren von Neuem haben. Dafür ist dieses Buch gemacht und gedacht. Also, auf die Plätze, Nasen fertig – und los!

Mehr Spaß – jeden Tag

Ob das dann alles gleich so klappt, wie Mensch sich das vorstellt und wie es in Büchern steht, ist fast egal. Dafür hat man ja das Glück, mit seinem Hund nonstop zusammenzuleben. Wenn also etwas heute nicht klappt: Morgen ist auch noch ein Tag! Und überhaupt, bitte entwickeln Sie keinen falschen Ehrgeiz. Mir ist es wichtig, bei allen meinen Hundebüchern, Sie zu motivieren, mit Ihrem Hund liebevoll, konzentriert und immer positiv bestärkend zu ar-

Neue Ideen? Hier!

➔ **Für Abwechslung:**
Ideen aus Hundespielbüchern und Zeitschriften nutzen!

➔ **Für Surfer:**
Zuhause nachspielen, was Webseiten von Hundefreunden empfehlen.

➔ **Für Nachfrager:**
In Internetforen oder Gesprächen mit anderen Hundebesitzern lernt man Neues.

➔ **Fürs Wochenende:**
Besuchen Sie ein Seminar mit Ihrem Hund – das bringt Wissen plus frischen Schwung!

beiten – jeden Tag ein bisschen. So bleiben Sie ein tolles Team – oder werden es immer neu. Dann wird es Ihnen nicht entgehen, wenn Ihr Hund das nächste Mal nach Sommer riecht. Und nach Glück.

Nasenwissen

Nase in der Nahaufnahme

Es gibt Wissen über Hunde – und Legenden.
Zum Beispiel: Muss eine Hundenase immer
feucht sein? Diese Frage klären wir zuerst.

Ist nass = gesund?

Mit populären Irrtümern über Hunde hat
sich Anja Weiershausen beschäftigt – auch
mit dem Irrtum Nr. 1 über die Hundenase.
Sie stellt zurecht fest: Eine Hundenase
kann zwar mehr als Sie glauben, doch sie
ist kein Signal für Gesundheit oder Krank-
heit beim Hund. Das heißt: Ja, eine gesunde
Hundenase darf trocken und warm sein.
Kein Grund, gleich zum Fieberthermome-
ter zu greifen. Zumeist ist die Nase eines
Hundes jedoch feucht, und das macht sie
so gut. Spezielle Schweiß- und Tränendrü-
sen sorgen auf der Hundenase ganz gezielt
dafür, dass sie meistens schwarzglänzend
und leicht nass ist. Denn: Die Feuchtigkeit
ermöglicht eine optimale Weiterleitung
von Gerüchen.

Die Duftweiterleitung

Wir Menschen kennen das: Riecht die für
uns meist „duftlose" Luft nicht irgendwie
besonders nach einem Regenschauer? Gerade im Sommer, wenn es vorher trocken
und heiß war, fällt uns das auf. Diese Wir-
kung von Nässe macht sich die hochspezialisierte Hundenase zunutze. Fachlich aus-
gedrückt: Die feuchte Nase sammelt die
wasserlöslichen Duftmoleküle und leitet

sie von dort aus weiter – und zwar zu
einem ganz speziellen Riechorgan. Das
„Nasenbodenorgan" ist mit dem Gaumen
direkt verbunden. Beim Einsatz von diesem Organ können Hunde Gerüche quasi
schmecken. Gerade Pheromone (also duftende Botenstoffe, meist Sexuallockstoffe,
Alarmzeichen oder Wegmarkierungen)
und Futterdüfte werden damit wahrge-
nommen. Die Fährtenexperten Dorothee
Schneider und Armin Hölzle schreiben gar:
„Dieses Mundriechorgan ist ausschlagge-
bend dafür, dass der Vierbeiner über ein so
ausgezeichnetes Witterungsvermögen verfügt und ihm eine so genaue Umweltorien-
tierung über Geruchsreize möglich ist."
Das erklärt, warum Hunde (mein Rüde!)
über besonders „duften" Stellen ihr Maul
häufig auf- und zuklappen und dabei
schaumigen Speichel entwickeln: inten-
sives Riechen.
Ein Tipp für Rüdenbesitzer: Starke Ge-
ruchsstellen bleiben für Tage interessant.
Damit Ihr Hund darüber nicht alle Erziehung (und Sie!) vergisst, legen Sie in der
Nähe dieser Duftnoten ein zügiges Tempo
vor und führen Ihren Hund im Bogen an
der Verlockung vorbei. Denn: Manche
Düfte rauben Rüden den Verstand!

Aha: Anatomie!

Wunderwerk Hundenase kann Gerüche durch die Verbindung zum Gaumen sogar schmecken!

Der Nasenvorhof

Hinter den Hunde-Nasenlöchern kommt der Nasenvorhof, der mit der sogenannten „Riechschleimhaut" bedeckt ist. Diese sorgt zum einen dafür, dass die Atemluft angewärmt wird. Zum anderen sorgt sie dafür, die Luft anzufeuchten, um die Aufnahme der Duftmoleküle zu verbessern. Zusätzlich schaffen lamellenartige Nasenmuscheln eine größere Schleimhautoberfläche in der Nase. So kann der Hund Düfte, selbst wenn sie sehr schwach sind, noch optimal aufnehmen. Daraus folgt: Hunderassen mit kurzen Schnauzen haben weniger Riechschleimhaut und verfügen aus rein anatomischen Gründen über eine eingeschränkte Riechleistung.

Das Riechhirn

Die Nasen unserer Hunde sind komplexe Gebilde, befindet sich am Nasengrund doch das Siebbeinlabyrinth. Es ist ebenfalls mit Riechschleimhaut bedeckt, in der sich die Riechzellen befinden. Von hier aus werden über spezielle Riechnerven die Duftinformationen an das Riechhirn weitergegeben. Zum Vergleich: Der Mensch hat etwa

5 Millionen Riechzellen, ein Dackel ca. 125 Millionen, ein Schäferhund gar 220 Millionen. Das Riechhirn macht beim Menschen etwa 1 % des Gehirns aus, beim Hund hingegen ganze 10 %. Diese Spezialisierung lässt unsere Hunde nicht nur weitaus mehr Gerüche wahrnehmen, sondern sie ermöglicht beispielsweise ein „Rechts-Links-Riechen". Das heißt: Hunde können die Richtung eines Duftes und seinen Weg erkennen und ihm – wie beim Fährtensuchen – folgen.

Duft & Gefühl

Das limbische System ist ein besonderer Teil des Gehirns. Hier werden – bei Mensch wie Hund – die Gefühle, Triebe und Stimmungen geregelt. Das limbische System bestimmt also das emotionale Verhalten und das emotionale Gedächtnis. Das führt dazu, dass besonders positive (und auch negative) Erfahrungen besonders gut gemerkt werden. Beim Hund sind Düfte häufig mit besonders starken Gefühlen verbunden, erkennt er doch die Botschaften darin.

Die Schnüffeltechnik

Neben dem deutlichen anatomischen Schnüffelvorsprung der Hunde verbessern sie aktiv ihre Riechleistung. Um maximal viele Duftinformationen aufnehmen zu können, atmen sie an bestimmten Stellen bis zu 300 Mal pro Minute. Bei diesem intensiven Schnüffeln steigen Pulsfrequenz und Körpertemperatur des Hundes. Sein ganzer Organismus reagiert wie bei einer sportlichen Höchstleistung der Muskulatur. Das erklärt, warum Nasenarbeit für den Hund enorm anstrengend ist. Aus diesem Grund arbeiten professionell schnüffelnde Hunde wie Rauschgift- und Brandspürhunde nie länger als 15 bis 20 Minuten. Danach haben sie sich eine mehrstündige Pause verdient.

Wo ist der Ball? Direkt vor der Hundenase – er wird schnüffelnd gesucht und gefunden!

Körper, Kunst und Können

⬇ *Das Team der Sinne: Hundenase, Augen und Ohren arbeiten perfekt zusammen.*

⬇
Roter Ball im grünen Gras? Da sucht die Hundenase, nicht die rot-grün-blinden Augen!

Hunde sind faszinierende Vielkönner dank ihrer spezialisierten Sinne, deren Kunst manchmal neidisch macht.

Schau mir in die Augen ...

... das sollte man – gerade bei einem fremden Hund – lieber lassen. Für unsere Vierbeiner wirkt der direkte Blickkontakt je nach Situation entweder einschüchternd, extrem unhöflich oder provozierend aggressiv. Eine Ausnahne: Podencos! Als Sichtjäger suchen sie den Augenkontakt auch zu fremden Menschen.

Für Hunde sind ihre Augen natürlich mehr als ein Mittel zur körperlichen Kommunikation untereinander. Sie sind spezialisierte Sinn-Werkzeuge, die mehr können, als man gemeinhin meint. Hunde sehen tatsächlich farbig, nicht nur schwarz-weiß, wie oft behauptet wird. Doch: Hunde sind rot-grün-blind und erkennen das Gesehene wesentlich unschärfer als ein Mensch – vor allem bei unbeweglichen Gegenständen. Ihre Stärke liegt beim Erkennen von Blau-Tönen.

Augen zu für Nasenspiele?

Das Wissen über die Sinne des Hundes hilft, Ihren Vierbeiner beim Einsatz der Nase zu unterstützen. Zum Beispiel die Rot-Grün-Blindheit:

- Erschweren Sie das Auffinden eines Spielzeugs mit den Augen.
- Lassen Sie einen roten Ball im grünen Gras verschwinden, bevor Sie auffordern: „Such den Ball!"
- Jetzt muss die Nase vollen Einsatz zeigen.

Tapetum lucidum

Hundeaugen sind dem menschlichen Auge überlegen beim Sehen in der Dämmerung. Man weiß das von Katzen. Ebenso verfügen Hunde über einen lichtreflektierenden Augenhintergrund, genannt Tapetum lucidum. Das wird einem sofort deutlich, fotografiert man einen Hund bei Dunkelheit mit Blitz. Auf dem Foto sehen die Augen extrem hell aus: Das einfallende Licht wird gespiegelt. Eine wichtige Funktion für den Hund als ehemaligen Beutejäger. Für diese ureigenste Aufgabe gibt es noch eine zweite Spezialisierung des Hundeauges: Es reagiert auf Reize in der Entfernung nur, wenn sie sich bewegen. Erst dann stellt sich das Auge des Hundes wirklich scharf. Zusätzlich ist das Sichtfeld des Hundes deutlich größer mit circa 240 Grad im Gegensatz zu 200 Grad bei Menschen.

Die Lage der Augen

Das hat seine Ursache in der Anatomie, da die Augen des Hundes seitlich am Kopf liegen und unsere Menschenaugen nebeneinander nach vorne schauen. Das bedeutet: Der Bereich, in dem Hunde mit beiden Augen deckungsgleich etwas sehen, ist kleiner als beim Menschen. So können sie Distanzen und Raumtiefen schlechter abschätzen. Wenn Sie sich auf dem Hundeplatz oder in Rassebüchern umschauen, erkennen Sie sofort, dass die Lage der Augen je nach Hunderasse unterschiedlich sein kann. Denken Sie nur an den Mops, dessen Augen viel weiter vorne am Kopf sind als beim Collie, Windhund oder Schäferhund.

Leben als Jäger

Beim Betrachten des Hundeauges ist eines klar: Es ist noch immer eingestellt auf das Leben als Jäger. Es übernimmt dabei eine wichtige und in einigen Bereichen hochspezialisierte Funktion und doch ist eine Orientierung allein durch die Augen für einen Hund lückenhaft. Die Augen brauchen das „Teamwork" mit den anderen Sinnen – vor allem mit der Nase und den Ohren.

Hundeaugen sind auf Jagd spezialisiert und reagieren besonders gut auf Bewegungen.

Ich bin ganz Ohr

Das können Hunde mit Stehohren unübersehbar zeigen. Auch allen anderen Rassen merkt man sofort an, wenn ein Geräusch ihre Aufmerksamkeit weckt – soweit sie können spitzen sie die Ohren. Hier unterscheidet sich der Hund vom Menschen: Der Hund kann seine äußeren Ohrmuscheln durch 17 Muskeln bewegen und so wesentlich besser die Richtung eines Geräusches ausmachen. Der Laut wird dann durch den Gehörgang an das Trommelfell im Mittelohr weitergegeben. Dieses gerät in Schwingungen, die die Gehörknöchelchen bewegen. So wird das Geräusch ins Innenohr weitergeleitet. Bei zu lauten Geräuschen bzw. zu starken Vibrationen des Trommelfells ziehen sich die Gehörknöchelchen schützend zusammen und verhindern so die Weiterleitung. Im Innenohr werden – wie beim Menschen – die Schwingungen

➡
Ohren in Ruhestellung – es scheint nichts los zu sein in der Umgebung. Oder?

➡➡
Aha, da ist etwas in Sicht und schon bewegen sich die Ohren in die interessante Richtung.

➡➡➡
Praktisch, wenn man mit einem Dreh horchen kann, was nebenan im Busch raschelt.

als Impulse über den Hörnerv an das Gehirn weitergeleitet. Übrigens: Neben dem Hören ist das Innenohr verantwortlich für das Gleichgewicht.

Neue Töne hören!

Spannender als die anatomischen Details sind die faszinierenden Möglichkeiten, über die ein Hundeohr verfügt. Es kann beispielsweise Töne in Frequenzen wahrnehmen, die für das menschliche Ohr nicht wahrnehmbar sind. Typisch dafür sind extrem höhe Töne. Dieses Können nutzen Besitzer, die ihre Hunde auf eine (für unser Ohr) stumme Pfeife konditionieren. Sie ist ideal, um Hunde aus größerer Entfernung zurückzuholen – ohne sie laut rufen zu müssen. Während unser erwachsenes menschliches Ohr nur um die 20.000 Schwingungen pro Sekunde aufnimmt, sind es beim Hund bis zu 40.000 (wenn nicht gar bis zu 100.000) Schwingungen pro Minute. Kein Wunder also, reagiert er häufig vor uns Menschen und hört z. B. das herannahende Auto schon Minuten vor uns. Wo das seinen Ursprung hat? Wölfen klingt das Heulen ihrer Artgenossen noch Kilometer weiter deutlich im Ohr. Machen Sie den Ohrentest und flüstern Sie „Sitz!" oder „Komm!". Reagiert Ihr Hund?

Schnüffel-Jobs im Überblick

Das Können von Hunden – gerade von Hundenasen – macht Vierbeiner zu professionellen Mitarbeitern in vielen Berufen. Natürlich ist der Hund ein perfekter Begleiter für Jäger und ein große Hilfe für blinde und behinderte Menschen. Darüber hinaus gibt es viele weitere tierische Jobs, für die Hundenasen eine spezielle Ausbildung brauchen:

➲ Hunde als Lebensretter

Im Einsatz beim Technischen Hilfsdienst THW suchen Hunde nach Verschütteten wie bei Erdbeben – und das an Stellen, die ein Mensch nicht erreichen kann. Sie vollbringen dabei Höchstleistungen. Ebenso im Naseneinsatz: Lawinenhunde oder Leichenspürhunde, die selbst auf tiefen Gewässern perfekt anschlagen, weil sie bestimmte, aufsteigende Gase erschnüffeln. Deutsche Spürhunde sind übrigens weltweit im Einsatz.

➲ Hunde am Flughafen

Sprengstoffe oder Rauschgift im Koffer? Hunde erschnüffeln die gefährlichen Substanzen und sind seit kurzem auch im Einsatz gegen die Ausfuhr gefährdeter Tierarten.
Erstaunlich: Eine Leistung, die weder Menschen noch technische Innovationen beherrschen.

➲ Hunde vor der Kamera

Ob Hunde hier auch Leben retten? Wenn es im Drehbuch steht! In jedem Fall lassen sie Zuschauerherzen höher schlagen. Spezialisierte und liebevolle Trainer kümmern sich um die umfassende Ausbildung, die von Hunden sehr viel Mut und Können erfordert und bei der sie alle Sinne nutzen.
Dazu der Buchtipp: Tatianja Zimeks Liebeserklärung an ihre „Filmstars auf vier Pfoten".

Einschnüffeln

Auf die Düfte, fertig – los!

...fertig, los?! Halt: Zunächst eine kurze Einführung in das kleine Einmaleins der Hundespielregeln und ein gründlicher Blick auf Ihren Vierbeiner!

Die Grundregel

Bei Nasenspielen gelten die Grundregeln: Der Mensch beginnt und beendet das Spiel. Alle Spielzeuge und verwendeten Hilfsmittel gehören immer (!) dem Menschen. Das heißt: Sämtliches Equipment wird nach Spiel, Sport und Spaß komplett weggeräumt und steht dem Hund niemals einfach so zur Verfügung. Das Ziel ist, dass der Hund jedes Spielzeug ohne jede Verteidigung abgibt, denn es gehört ihm ja nicht. Das ist besonders wichtig, sind Kinder im Haushalt – ob als Familie oder Besuch. Jeder, der mit seinem Hund entspannt zusammenleben will, setzt vom ersten Tag mit dem Welpen an (oder eben: ab jetzt!) diese Regeln konsequent um. Warum? Sie erleichtern den Alltag und beugen dem Einsatz von Zähnen vor. Immerhin: Der Hund hat das scharfe Gebiss eines Jägers und den kräftigen Kiefer eines Rohfleischfressers. Hundezähne können schnell verletzen! Bei allem Vertrauen gilt unbedingt: Verhindern Sie jeden Zahneinsatz und beenden Sie jedes Spiel, sobald die Zähne des Hundes Ihre Haut berühren – auch wenn es nur ein Versehen war.

Die Grunderziehung

Für jedes Spielen und Arbeiten mit dem Hund ist es wichtig, dass ein Hund die Grundsignale sicher in allen Lebenslagen beherrscht: „Sitz!", „Platz!", „Bleib!" und „Gib's!". Diese Dinge lernen Hunde in der Regel schnell durch positive Bestärkung. Positives Arbeiten mit dem Hund heißt: Erwischen Sie Ihren Hund immer, wenn er etwas richtig macht! Also: Belohnen, belohnen, belohnen! So hat das Handeln des Hundes eine für ihn positive Folge und das merkt er sich gut. Wie Sie Ihrem Hund die Grundsignale beibringen, können Sie in vielen Ratgebern nachlesen (mehr dazu im Servicekapitel). Falls Sie nach längerer Trainingspause jetzt endlich wieder mit Ihrem Hund etwas zusammen machen wollen, empfehle ich, vor der Nasenarbeit ein wenig „normales" Training zu wiederholen. Sozusagen einen Auffrischungskurs für die einzelnen Signale und für die Konzentrationsfähigkeit Ihres Hundes – und vielleicht auch für Sie. Denn der Erfolg bei der Arbeit mit Hund beginnt bei uns Menschen im Kopf. Also, Buch kurz (!) weglegen und direkt anfangen!

Keine Nase wie jede andere

➔ *Interessantes Ding, so ein Stock – was sagt meine Spürnase dazu?*

Sie haben noch nie Nasenarbeit mit Ihrem Hund gemacht? Sie haben aber bestimmt schon oft mit Ihrem Hund gespielt: Stöckchen werfen, eine Wurst verstecken (bei uns das traditionelle Spiel unterm Weihnachtsbaum) oder Leckerlis im Gras verstreuen. Bei all diesen Spielen gehört das Erschnüffeln des richtigen Stocks, des Wurstverstecks und der Leckerbissen auf dem Boden unverzichtbar und automatisch dazu. Wie Sie im ersten Kapitel gelesen haben, setzt der Hund die Nase grundsätzlich zur Orientierung ein und um Neuigkeiten aus der Hundenachbarschaft zu erfahren. Also, auf jedem Spaziergang ist die Nase Ihres Hundes bereits intensiv im Einsatz.

Eine Frage der Rasse?

Welche Rasse ist Ihr Hund? Haben Sie einen Beagle, dessen Nase ohnehin ausschließlich am Boden klebt, um Spuren zu folgen?

⬆
Mal vorsichtig schnüffeln – riecht, als hätte mein Mensch es in der Hand gehabt.

⬇ *Warum wegwerfen? Ich bring' ihn wieder!*

Oder haben Sie einen Mops, dessen Nase vor allem dann zuckt, wenn Sie beim Abendbrot den Käse auf den Tisch stellen? Oder haben Sie einen Hütehund, bei dem Sie gar nicht den Eindruck haben, er nutze seine Nase besonders oft (so wie ich, bevor ich mit der Nasenarbeit angefangen habe!)? Oder haben Sie einen Rüden, den Düfte von Hündinnen immer wieder für Tage total aus dem Tritt bringen (so wie ich leider auch!)? Sie merken also, im Alltag mit jedem Hund ist der Naseneinsatz da, aber eben ganz unterschiedlich ausgeprägt. Sicher ist: Bei jedem Hund lässt sich die Nasenarbeit noch intensivieren – professionell perfekt wie beim Jagen oder spielerisch wie in diesem Buch beschrieben.

Aufmerksam im Alltag

Auf der nächsten Seite finden Sie einen „Beobachtungsbogen". Er unterstützt Sie dabei, aufmerksamer zu werden, wenn es um die Nase Ihres Hundes geht. Klingt komisch, ist ganz einfach gemeint: Oft kommt uns „Nasenarbeit" mit einem Hund zu speziell vor. „Das ist doch eher was für Jagdhunde", sagen viele Besitzer. Meiner Erfahrung nach ist es das Richtige für alle Hunde. Die Anatomie und das instinktive Können bringen alle Hunde mit – ob klein oder groß, ob Rasse oder Mix, ob jung oder alt. Das Tolle an Nasenspielen ist, dass sie Hund und Mensch Regentage durch intensive Beschäftigung im Haus versüßen. Übt man sie anschließend draußen, sind sie schon gleich eine Stufe schwieriger. Auch sportlich nicht mehr 100 % fitte Hunde können durch Nasenspiele Erfolgserlebnisse für sich verbuchen und dazulernen. Und: Es macht einfach Spaß, eine Alternative mehr zu haben zu den Klassikern Ballwerfen und Slalom durch die Beine.

Mein Beobachtungsbogen

Mein Wunsch ist, dass Ihre Beobachtungen und Antworten Sie motivieren, mit der Nasenarbeit anzufangen und ein Hundeleben lang nicht mehr aufzuhören. Denn: Ihr Hund ist ein Vielmehrkönner. Er beweist es Ihnen bereits – jeden Tag neu!

1 Was schätzen Sie, wie oft benutzt Ihr Hund seine Nase:
- ☐ Immer
- ☐ Häufig
- ☐ Selten
- ☐ So gut wie nie

2 Wie reagiert Ihr Hund, wenn Sie sein Fressen hervorholen?
- ☐ Aufhorchen!
- ☐ Riechen!
- ☐ Hinschauen!
- ☐ Alles drei!

3 Sie legen einen Ball ins hohe Gras, während Ihr Hund ein Stück entfernt im „Sitz!" wartet. Wie sucht Ihr Hund den Ball?
- ☐ Er schaut herum, sieht ihn und läuft hin.
- ☐ Er läuft los, senkt dann die Nase und geht eher in Bögen bis zum Ball.

4 An einer Ecke steht ein Baum oder Laternenpfahl. Was macht Ihr Hund?
- ☐ Vorbeigehen
- ☐ Hingehen und schnüffeln
- ☐ Sofort markieren und eine Duftnote für alle anderen hinterlassen

5 Wie begrüßen sich Ihr Hund und sein Hundefreund?
- ☐ Sie rennen gleich zusammen los und toben.
- ☐ Sie beschnüffeln sich – vor allem zwischen den Hinterbeinen und am Po.
- ☐ Sie markieren erstmal nacheinander den nächsten Baum (oder Grashalm).

6 Kommt Ihr Hund mit „gib-mir-was-ab"-Bettelblick zur Küche, sobald Sie duftende Lebensmitteln herausholen oder Fleisch anbraten?
- ☐ Ja, sofort
- ☐ Manchmal, nicht immer
- ☐ Nein, niemals

7 Wohin wandert die Hundenase beim Begrüßen Ihrer Besucher?
- [ ] Zu den Händen
- [ ] Zwischen die Beine des Gastes
- [ ] Aus Aufregung wirr mal hierhin, mal dahin
- [ ] Ist gar nicht im Einsatz

8 Was macht Ihr Hund in einer neuen Umgebung, z. B. in einer anderen Wohnung?
- [ ] Er schaut sich um.
- [ ] Er läuft aufgeregt hin und her.
- [ ] Er hat schnell die Nase auf dem Boden und schnüffelt.
- [ ] Er legt sich cool hin und macht gar nichts.

9 Gibt es Stellen, an denen Ihr Hund hartnäckig stehen bleibt und auf keinen Fall weiter will?
- [ ] Ja, dann schnüffelt er dort intensiv und will nicht weiter.
- [ ] Ja, er klappert beim Schnüffeln mit dem Maul, bis sein Speichel schäumt.
- [ ] Ja, er kratzt mit der Pfote ein wenig den Boden auf und will erst weiter, wenn er über dem Duft selbst markiert hat.
- [ ] Nein, das alles macht mein Hund nie.

10 Sie haben gut hingesehen in den letzten Tagen und sich jetzt an verschiedenste Situationen mit Ihrem Hund erinnert. Gibt es einige Nasen-Beobachtungen, die Sie noch ergänzen können?

_____

_____

Nachdem Sie Ihren Hund im Alltag beobachtet haben, was meinen Sie jetzt:

11 Mein Hund nutzt seine Nase tatsächlich:
- [ ] Immer
- [ ] Häufig
- [ ] Selten
- [ ] So gut wie nie

(Vergleichen Sie die Antwort mit Ihrer allerersten Einschätzung!)

Aus Theorie wird Schnüffelpraxis!

Nur noch die letzten Vorbereitungen, dann können Ihr Hund und Sie sich langsam einschnüffeln – und keine Ausreden: Das geht bei jedem Wetter!

Die Materialsammlung

Wer mein Buch „Hundespiele" kennt, der weiß: Ich bin immer dafür zum Spielen mit Hund das zu nutzen, was Haushalt, Keller, Schuppen und die Natur hergeben. Das gilt genau so für die Nasenarbeit. Es sollte vor allem eine Investition von Zeit und konzentrierter Aufmerksamkeit sein, wenn man mit seinem Hund arbeitet und Spaß hat. Ein Hund unterscheidet dabei nicht zwischen ernstem Trainieren auf der einen Seite und unterhaltsamem Ballsuchen auf der anderen Seite. Für ihn ist alles glückbringendes Zusammensein mit seinem Menschen. Hunde wollen etwas machen – mit Kopf, Körper und Können, denn auch ihr Selbstbewusstsein und ihre Zufriedenheit steigen, haben sie Erfolgserlebnisse. Gleichzeitig passiert das Wunderbare: Sie werden mit Ihrem Hund mehr und mehr zum eingeschworenen Team, das sich im Alltag besser kennt und schneller aufeinander reagiert. Manche dummen Sachen, die sich ein Hund aus Langeweile angewöhnt hat, verschwinden durch die spielerische Zusammenarbeit wie von selbst. Sie werden es erleben.

Was Sie brauchen

Lust, Zeit und gute Laune – naja, und einen Hund natürlich. Für Nasenarbeit brauchen Sie zwar selbstverständlich Leckerchen, aber es gibt noch mehr, wonach Sie in Ihrem Haushalt Ausschau halten können:

- Papier von der Küchenrolle
- Düfte aller Art (z. B. Duftöle aus der Weihnachtszeit)
- duftende Lebensmittel
- kleine Dosen, Siebe, Beutel und Kartons
- Hundespielsachen
- gute Verstecke drinnen und draußen
- alte Socken, Tücher und im Herbst ideal: haufenweise bunte Blätter
- Papp- oder Kunststoffbecher
- idealerweise: ein Hundegeschirr und eine richtig lange (Such-/Schlepp-)Leine
- immer: eine Flasche mit Wasser und eine kleine Schale als Napf für unterwegs

← *Für Schnüffelspiele können Sie nutzen, was Spielzeugkorb und Haushalt hergeben!*

TIPP

Die Leinenfrage

Einer Duftspur zu folgen, das kann ein Hund doch auch ohne Leine. Stimmt! Aber nicht jeder Hund bleibt zuverlässig in Ihrer Nähe oder an seiner Spur dran. Gerade am Anfang ist das Arbeiten an der 10-Meter-Schlepp- oder Suchleine wichtig und bei klassischer Fährtenarbeit gehört sie immer dazu. Der Vorteil gegenüber der herkömmlichen Leinenlänge: Sie können Ihren Hund nicht unbewusst in die richtige Richtung ziehen. Lassen Sie also seiner Nase den Vortritt – an der langen Leine!

Schreiben Sie mit!

Schaffen Sie sich vor dem Start Ihrer Nasenarbeit ein schönes kleines Heft an, einen Blanko-Block oder kramen Sie einen leeren Ordner aus Ihrem Fundus hervor und heften Sie einige leere Blätter ein. Vielleicht entwerfen Sie ein hübsches Deckblatt mit dem Foto Ihres Hundes. Warum der Aufwand – Sie wollen doch kein Buch schreiben, sondern ein Buch lesen und dann spielen? Ich rate Ihnen sehr dazu, Ihre Fortschritte und Erfolge kurz zu notieren. Das wird Ihnen helfen, bei der Nasenarbeit – wie bei allem Training mit Hund – wirklich am Ball zu bleiben. Durch das Aufschreiben machen Sie sich Erfolgserlebnisse viel bewusster. Und Erfolg macht doch uns allen Spaß! Zudem können Sie im Heft Ihre nächsten Übungsziele notieren. Das motiviert zum Weitermachen!

Der Nasenspiel-Praxistest

➡ *Was der Hund nicht sieht, muss er suchen – aber Vorsicht: Ihr Blick zeigt ihm das Versteck!*

Der versteckte Ball

Haben Sie einen roten Ball und grünes Gras zur Verfügung? Wir haben ja gelernt, dass Hunde rot-grün-blind sind und darum den roten Ball im grünen Gras vor allem mit Naseneinsatz aufspüren. Selbstverständlich können Sie auch im Wohnzimmer oder Flur anfangen mit einem farblich unauffälligen Spielzeug. Bieten Sie Ihrem Hund den Ball zunächst kurz als Spielzeug an – lassen sie ihn über den Boden rollen oder werfen Sie ihn ein Stück. (Ihr Hund reagiert nicht auf Spielzeuge? Lesen Sie weiter auf der Checkliste für Spielzeugmuffel!) Ist das Interesse geweckt, schicken Sie Ihren Hund nun ins „Sitz-bleib!" und legen Sie den Ball ein Stück weiter ins Gras oder in eine Zimmerecke. Es folgt das Signal „Such den Ball!". Da Sie den Ball ja quasi direkt vor seiner Nase und seinen Augen versteckt haben, wird er ihn schnell finden. Trotzdem: Loben und belohnen Sie Ihren Hund sehr, so bleibt Ihr Hund von Anfang an motiviert dabei.

Der verschwundene Ball

Erschweren Sie nun das Spiel, indem Sie z. B. beim Spaziergang vor seiner Nase in seinem Blickfeld umherlaufen, aber dabei an verschiedenen Stellen so tun, als würden Sie den Ball liegen lassen – bevor Sie es wirklich tun. Dann gehen Sie auch noch ein Stück weiter, wenn der Ball längst im Versteck liegt. Jetzt erst geben das Signal „Such!".

Wichtig! Achten Sie dabei genau auf sich. Während Ihr Hund auf der Suche ist, schauen Sie unbedingt weg von der Stelle, an der der Ball liegt. Unsere Hunde sind Experten

darin, unsere Körpersprache zu lesen und unseren Blicken zu folgen. Sie wollen ihm doch nichts verraten!

Findet der Hund auch diesen Ball, können Sie sicher sein: Sie haben es geschafft, seine Nase ist im Einsatz. Steigern Sie die Anforderung nochmals. Schicken Sie Ihren Hund ins „Platz-bleib!" und gehen Sie genau in die Richtung, in die er nicht schauen kann. Beim „Sitz!" ist sein Blickradius viel größer, darum ist das „Platz!" hier ideal. Sie verstecken nun den Ball im tiefen Gras, im angrenzenden Busch, im Graben oder höher in den niedrigen Ästen eines Strauches. Dann gehen Sie nochmal nach Herzenslust umher – verwischen Sie Ihre Spuren. Nun erlösen Sie den sicherlich gespannt wartenden Hund mit „Such den Ball!". Bringt Ihnen Ihr Hund kurz darauf den Ball zurück, hat er den Nasenspiel-Praxistest mit Bravour bestanden. Also: Leckerli raus und Schluss für heute! Morgen können Sie mit dem „Duftzirkel" weitermachen.

Erst mit der Nase, dann mit den Augen gefunden!

„Spielzeug-muffel" ade!

Ja, es gibt sie tatsächlich: die Spielzeug-muffel unter den Hunden. Bei manchen Hunden ist das von Anfang an so, bei ande-ren kommt das erst mit den Jahren. Mein Tipp: Interessieren Sie Ihren Hund von Welpenbeinen an für Spielzeug und lassen Sie darin später nicht nach. Spielzeuge sind die perfekte Möglichkeit, den Hund immer wieder neu zu beschäftigen und auszu-lasten. Sie sind zudem die perfekte Erzie-hungshilfe und Belohnungsalternative. Bleiben Sie am Ball – hier auf einen Blick, wie Sie das schaffen:

➲ Räumen Sie sämtliche Hundespielzeuge weg – im Haus und im Garten!
➲ Suchen Sie sich ein Spielzeug, das quietscht, von Ihrem Hund gut ins Maul genommen wird und Sie gut anfassen können, z. B. durch ein Band!

➲
Selber spielen und Freude dabei haben weckt das Interesse – auch von Spiel-zeugmuffeln!

- Spielen Sie mit diesem Spielzeug eine Woche lang: mit sichtbar guter Laune und Spaß, immer direkt vor den Augen Ihres Hundes, aber ohne Ihren Hund mit einzubeziehen oder anzusprechen!
- Achten Sie auf die Reaktion Ihres Hundes nach einigen Tagen: Schaut er auf, springt er auf?
- Jetzt ist Ihre Chance: Lassen Sie Ihren Hund mitspielen, indem Sie ihm das Spielzeug kurz (!) hinhalten. Loben Sie Ihren Hund, wenn er darauf reagiert und werfen Sie es ein Stück oder sagen Sie „Nimms!" und zerren Sie ein wenig! Bevor sein Interesse erlöschen kann, legen Sie das Spielzeug weg.
- Wiederholen Sie das kurze gemeinsame Spiel immer wieder, bis Ihr Hund bereits auf Ihren Griff in die Spielzeugkiste reagiert. Dann führen Sie nach und nach weitere Spielzeuge ein!

- Finden Sie heraus: Welches Spielzeug ist der absolute Favorit Ihres Hundes? Nutzen Sie dieses Spielzeug für die ersten Nasenspiele!
- Bei hartnäckigen Fällen: Nehmen Sie eine weiche Wurfscheibe, aus der Sie Ihren Hund in den nächsten Tagen füttern. So wird Ihr Hund garantiert „ganz heiß" auf das Spielen, Zerren, Fangen – und Suchen dieses Spielzeugs!

Jetzt haben Sie es geschafft: Ihr Hund ist mit Begeisterung dabei. Ihr Einsatz hat sich gelohnt, denn das Spiel ist jetzt für Ihren Hund Belohnung, Zeitvertreib, Bewegung und aktives Zusammensein mit Ihnen. Ich verrate Ihnen ein offenes Geheimnis: Das gemeinsame Spielen schweißt zusammen und lässt Ihren Hund aufmerksam bleiben für Sie – und Ihre neuen Spielideen. Also, machen Sie aus Spielmuffeln echte Fans!

Von wegen „Spielzeuge sind langweilig" – jetzt fängt der (Such-) Spaß endlich an!

Schnüffeln und finden

Endlich Nase vorn!

„Dabeisein ist alles" gilt für Olympische Spiele. Wenn Sie Ihre Nasenspiele beginnen, setzen Sie auf: „Dabei Spaß haben ist alles!"

Hier ist der Hund gefragt!

In diesem Kapitel erwarten Sie Einsteiger-Nasenspiele, in denen Ihr Hund gefragt ist. Es geht um Spiele im Haus, unterwegs oder im Garten. Das Praktische bei diesen Beschäftigungsideen: Die Hundenase hat Ihr Vierbeiner sowieso immer dabei. Was Sie darüber hinaus brauchen, stelle ich vor jedem Spiel kurz vor. Sie werden sehen, Sie haben nahezu alles bereits im Haus. Gibt es Varianten zu einem Spiel oder bestimmte Regeln, die Sie beachten sollten, mache ich Sie im Text darauf aufmerksam. Lassen Sie aber auch Ihrer Fantasie freien Lauf und schauen Sie, was Ihr Hund aus der einen oder anderen Spielidee macht – vielleicht ist das eine ganz neue Variante, die Ihnen beiden viel mehr Spaß macht. Abwechslung ist immer willkommen!

„Is mir schnuppe!"

Wenn Sie gleich auf Spiele stoßen, bei denen Sie Duftöle und bestimmte starke Gerüche benutzen sollen, dann habe ich für Sie einen Hinweis aus meiner eigenen „Nasenspiel-Karriere": Achten Sie darauf, dass Sie – ja Sie, der Mensch – die Düfte gut riechen können. Gerade wenn Sie in Haus oder Wohnung mit Ihrem Hund üben, wird der Geruch noch lange nach dem Spiel in der Luft liegen, da Sie vermutlich am Anfang (wie ich!) sehr viel Duft verwenden. So habe ich beispielsweise mitten im Sommer mit Weihnachtsdüften gearbeitet. Ich glaube, es sollte „Tannenduft" sein. Es war davon noch viel im Fläschchen und ich dachte: „Der Duft, den kann ich zum Üben mit Jaden nehmen." Gesagt, getan – und bereut. Denn: Noch am Abend lag der etwas penetrante Möchte-gern-Tannenduft wie ein schwerer Duftnebel im Wohnzimmer und ließ sich erst über Nacht komplett weglüften. Das bescherte mir ein dreifaches Aha-Erlebnis:

➲ Nutze so wenig Duft wie möglich!
➲ Zieh Gummihandschuhe an beim „Beduften" und Duftverteilen!
➲ Verwende nur Düfte (und Käsesorten!), die Du Mensch gerne riechst!

Sie merken also: Man kann viel lesen, doch manches lernt man erst beim Ausprobieren. Natürlich macht man auch mal Fehler. Das ist völlig okay. Schließlich wird man durch Fehler klug und ein noch besserer Mensch für seinen Hund!

➔ *Einfaches Spiel, großer Erfolg – erstmal die Leckerlis im Kreis um Sie herum verteilen ...*

Leicht, locker, duftig starten!

Der Duftzirkel...

...oder auch genannt: der vierbeinige Indianertanz, weil mein Hund Jaden beim „Zirkeln" so herrlich um mich herum wackelt wie der Indianer ums Feuer.

Vorbereitung Rasen, kleine Leckerlis – idealerweise Kaustreifen, die Sie in die gewünschte Größe brechen können

Spielstart Ihr Hund wartet im Sitz, bis Sie auf dem Gartenrasen, dem Feldweg oder im Park stehend um sich herum im Kreis Leckerlis verstreut haben – und zwar so, dass Ihr Hund beim Suchen auf einer Linie im Kreis um Sie herum die Leckerlis findet. Also: Nicht wild um sich herum die kleinen Futterstückchen verstreuen, sondern gedanklich (wie mit einem Zirkel) einen Kreis um sich herum ziehen und auf diese gedachte Linie die Leckerlis legen. Machen Sie die Abstände weder zu groß noch dicht an dicht – eben passend für Ihren Nasenspiel-Anfängerhund. Denken Sie an die Größe Ihres Vierbeiners. Nun stellen Sie sich aufrecht hin und geben Ihrem Hund das Signal „Such im Duftkreis!". Ihr Hund wird nun Leckerli für Leckerli um Sie herum erschnüffeln, finden, futtern und weiterschnüffeln. Dabei wird er meist

nicht direkt der Linie folgen, sondern in Bögen von Leckerbissen zu Leckerbissen wandern. Aus der Ferne sieht es dann aus wie ein langsamer Indianertanz – der Hund um seinen Menschen. Ist der Hund beim letzten Leckerli angekommen, beenden Sie deutlich durch Ihr Lob und vielleicht ein kurzes Spiel mit einem schnell gezückten Ball – aber bitte ohne Leckerlis!

Achtung! Schnüffelt Ihr Hund nun um Sie herum, beobachten Sie genau, ob er Leckerlis auf dem Zirkel überschnüffelt und liegen lässt. Sammeln Sie diese schnell auf, um ein Rückwärtsgehen zu vermeiden. Wenn Sie das Spiel wiederholen, gehen Sie ein großes Stück weg vom ersten Duftzirkel, damit der Hund beim erneuten, tanzend-schnüffelnden Kreisen um Sie herum nicht von alten Düften abgelenkt wird.

Spiel-Variante I Dieses Einsteigerspiel lässt sich herrlich variieren. Sie können zum Beispiel eine Leckerlispur von Ihrem Hund bis zum Duftzirkel legen – und wer sagt, dass diese Spur schnurgerade sein muss? Hat Ihr Hund das Grundprinzip verstanden, legen Sie größere und kleinere Leckerli-Bögen bis zum Duftzirkel. Allerdings: Werden Sie dabei nicht zu lang, sonst ist die Schnüffelpower schon vor dem Kreis verbraucht.

Spiel-Variante II Legen Sie den Duftzirkel um einen Gegenstand wie Blumentöpfe oder Bäume. Gleich ein zweites Spiel schließt sich an, legen Sie einen Duftkreis um ein Hundespielzeug. Ist der Hund komplett im Kreis herum gelaufen, geben Sie ihm das Signal für „Hol das Spielzeug!" und der nächste Spaß kann beginnen.

... dann Ihren Hund Schritt für Schritt auf die gezirkelte Leckerlispur locken.

Käsekisten-Suche...

...macht drinnen Laune an Regentagen und passt abends gut in die Werbepause.

Vorbereitung 1–3 nicht zu große Pappschachteln mit Deckel, (duftende) Käsesorte in kleine (!) Würfel geschnitten, mindestens zwei Zimmer

Durch Wiederholungen gelernt: Wo die Käseskiste duftet, da sofort hinsetzen.

Spielstart Aller Anfang ist leicht – das heißt: Sie legen immer wieder ein Stückchen Käse in die offene Schachtel und halten sie dem Hund hin, sodass er den Käse direkt daraus futtern kann. Anschließend legen Sie ein neues Stück Käse in die Schachtel, lassen aber den Deckel so fest darauf, dass der Hund ihn nicht öffnen kann. Nun schicken Sie Ihren Hund ins „Sitz!" und dann erst öffnen Sie die Schachtel und lassen ihn den Käse nehmen. Wiederholen Sie das ganz, ganz oft hintereinander. Das Ziel ist: Ihr Hund geht ins „Sitz!", sobald er die Kiste findet und wartet, dass Sie die Schachtel öffnen. Sie merken, es geht darum, den Hund den duftenden Käse durch sein Sitzen anzeigen zu lassen.

Nun legen Sie vor den Augen des Hundes die Kiste in ein einfaches Versteck. Geht er hin und setzt sich? Perfekt! Dann öffnen Sie die Schachtel und geben ihm seine Belohnung. Schwieriger und spannender wird das Spiel, wenn Sie den Hund im Flur warten lassen und dann die Schachtel richtig gut verstecken. Denken Sie dabei an Verstecke weiter oben z. B. auf einem Tisch oder Regal liegend. Da der Hund die Käsekiste ja nur anzeigen, aber nicht apportieren soll, haben Sie unendlich viele Möglichkeiten.

Achtung! Starten Sie mit der Käsekisten-Suche wirklich erst dann, wenn der Hund verstanden hat, dass er weder in die Schachtel beißen, noch den Deckel selbst öffnen soll.

Spiel-Variante I Um den Schwierigkeitsgrad zu steigern, setzen Sie bei der Käsekisten-Suche drei gleiche Schachteln ein, von denen zwei völlig leer sind. Nun kommt es wirklich darauf an, nicht mit den Augen die Kiste zu finden, sondern per Nase die Kiste mit dem Duft. Beginnen Sie so: Sie stellen die drei Kisten in Hundelängen-Abstand in kurzer Entfernung vor den Hund und loben ihn ausgiebig, sobald er die duftende Kiste mit „Sitz!" anzeigt. Dann geht's ans Verstecken aller drei Schachteln!

⬇ *Schnell finden, schnell sitzen – das ist einfach.*

Spiel-Variante II Sie können das Spiel natürlich auf Wurststückchen oder andere dufte Leckerbissen ausweiten – und Sie können andere Gegenstände als die Kiste nutzen. Denken Sie aber daran: Kleine Veränderungen sind für den Hund eine völlig neue Aufgabenstellung. Führen Sie ihn also langsam an die verschiedenen Spielvarianten heran. Denn: Nur Erfolge motivieren zum Weitermachen – da unterscheiden sich Vier- und Zweibeiner überhaupt nicht voneinander! Und: Lockern Sie die Nasenspielzeit durch kurze Bewegungsspiele auf. Sie wissen, Schnüffeln ist für den Hund Konzentration plus Höchstleistung.

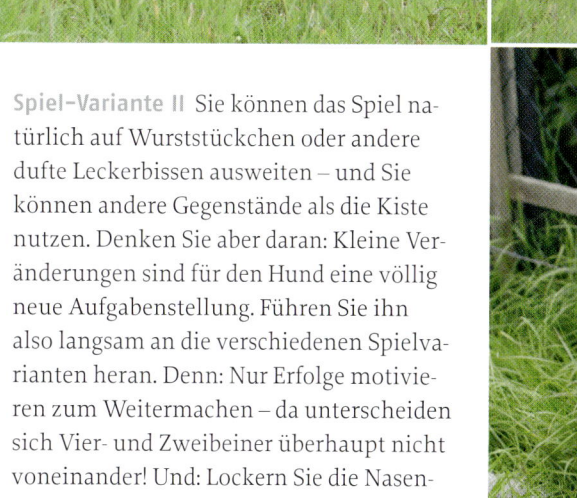

⬆ *Knifflig versteckt, schnüffelnd gefunden – perfekt angezeigt!*

Der große Tag: Neuer Duft im Spiel!

Ein neuer Duft? Wie sag ich's meinem Hund?

Stellen Sie Ihrem Hund den Duft vor! Das heißt: Halten Sie den Duft der Hundenase hin. Mein Vorschlag: Präsentieren Sie den Duft in einer Dose, in die Sie kleine Gegenstände für eine spätere Duftsuche legen.

Den Duft in der Nase!

Ihr Hund hat den Duft jetzt in der Nase. Welchen Duft Sie nutzen? Das bleibt Ihnen überlassen. Legen Sie ein in Brühe getränktes Tuch hinein oder ein Spielzeug, das Sie in Wasser mit ein paar Tropfen Duftöl gelegt haben. Es bleibt Ihnen überlassen.

Folge dem Duft!

Machen Sie es Ihrem Hund leicht: Legen Sie die duftende Dose nur einige Schritte weit vor ihm hin und schicken Sie ihn mit Ihrem Signal (z. B. „Wo ist der Duft?") auf die Duftspur. Später vergrößern Sie den Abstand.

Schnüffelarbeit ist Bodenarbeit!

Auch wenn Hunde Ihre Nase manchmal hoch in den Wind strecken, die eigentliche Schnüffelarbeit findet am Boden statt. Die Fachwelt rätselt: Folgt der Hund dem Menschenduft, dem Duft seiner Sohlen oder dem Geruch der abgeknickten Grashalme? Vermutlich einem Mix aus allem.

Der dufte Gegenstand!

Nehmen Sie den duftenden Gegenstand – das Spielzeug oder Tuch – aus der Dose und legen Sie es im Gras aus. Findet Ihr Hund dorthin? Spitze! Die Herausforderung ab hier ist, immer neue Düfte zu verwenden. Besonders schwer wird es, muss er zwei Düfte unterscheiden. Dazu: Bitte weiterlesen auf Seite 44!

Dem Mensch auf der Spur!

Ihr Hund kennt Ihren Duft ganz genau. Lassen Sie ihn an einem für ihn neuen Menschen schnüffeln – an der Kleidung, an den Händen, an den Schuhsohlen. Für den Hund ist jede menschliche Duftmischung wie ein unvergleichlicher Daumenabdruck.

Die Duftwolke!

Während der Mensch vom Hund weggeht, hinterlässt er für den Hund eine Spur. Stellen Sie sich diese Spur wie eine Duftwolke vor. Für uns nicht wahrnehmbar, ist sie für den Hund ganz deutlich zu erkennen.

Geschnüffelt – gefunden!

Der Hund findet einen Menschen ohne hinzusehen. Er hat sich den Weg erschnüffelt, indem er dem individuellen Duft gefolgt ist. Jetzt bitte: eine große Belohnung. Schnüffeln ist Schwerstarbeit! Mehr zu perfekter Fährtenarbeit: ab Seite 58!

Live aus dem Haushalt!

⬇ *Duftprobe nehmen lassen und erstes Duftziel legen*

Tolle Duftrolle!

Ein Griff und Sie haben alles zur Hand, was Sie brauchen und können damit im Haus jeden Regentag zum duften Tag machen!

Vorbereitung Rolle mit Küchenpapier, Duftöl (das Sie gut riechen können) – in Wasser stark verdünnen, Grill/Servierzange oder neue Gummihandschuhe

Spielstart Zeigen Sie Ihrem Hund zunächst die Küchenrolle und reißen Sie ein Stück Papier von ihr ab. Lassen Sie Ihren Hund daran riechen und spielen Sie damit ein bisschen. Er soll lernen: Aha, jetzt geht's um dieses Ding da. Sichern Sie sich seine volle Aufmerksamkeit. Nun kommt der Duft dazu: Geben Sie einige der verdünnten Dufttropfen auf ein neues Stück Küchenrolle. Um diesen Duft nicht mit Ihrem zu vermischen, halten Sie das Küchenpapier mit neuen Gummihandschuhen oder einer Zange aus Ihrer Küchenschublade. Ihr Hund soll zunächst dran schnüffeln. Anschließend legen Sie das Küchenpapier für ihn sichtbar ein Stück weiter hin. Nun müssen Sie entscheiden: Soll Ihr Hund den Duft anzeigen (durch „Sitz!" oder „Platz!") oder soll er das Duftpapier apportieren? Ich bevorzuge bei diesem Spiel das Apportieren. Loben Sie Ihren Hund, wenn er auf Ihr Signal hin das Duftpapier findet und Ihnen bringt. Jetzt verstecken Sie das Dufttuch wirklich in einer Zimmerecke oder unterm Sofa oder auf einer Treppenstufe. Ein Papier kann man ja in die kleinste Ecke schmuggeln. Steigern Sie den Schwierigkeitsgrad langsam, damit Ihr Hund wirklich viele dufte Erfolgserlebnisse hat. Soll es richtig schwer werden, reißen Sie das Duftpapier in immer kleinere Stücke, die Ihr Hund finden muss. Dann wissen Sie sicher: Er ist auf der richtigen Spur. Variieren Sie dabei die Düfte!

Achtung! Erlauben Sie Ihrem Hund nicht, mit dem Küchenpapier im Maul zu spielen oder es zu zerreißen. Es soll ein reines Nasenspiel sein und bleiben. Schäumt Ihr Hund über vor Energie, dann belohnen sie ihn mit einem kurzen Ball-Spiel im Garten.

Spiel-Variante I Nehmen Sie die Duftrolle mit nach draußen auf den Spaziergang. Transportieren Sie dafür das Duftpapier in einer fest verschlossenen Dose. So bleibt der Duft zunächst unter Verschluss. Zusätzlich intensiviert sich darin der Geruch. Das

macht es für Ihren Hund leichter, da unterwegs viele andere Düfte mit der tollen Rolle konkurrieren.

Spiel-Variante II Lassen Sie Ihren Hund nicht nur ein Tuch suchen. Legen Sie eine Duftspur aus mehreren Tüchern. Ob Ihr Hund dabei wirklich dem Duft und nicht einfach nur den Tüchern folgt, merken Sie sofort, wenn Sie einige duftfreie Tücher als abzweigende Spur legen. Welchen Weg geht Ihr Hund? So zeigt er deutlich, ob er dieses Nasenspiel verstanden hat!

Erst warten auf das Such-Signal, dann das Dufttuch finden. Die erste Lektion!

Das Dufttuch zurückbringen. Die zweite Lektion!

Wen kann Ihr Hund gut riechen?

Freundschaftsspiel!

Jeder Hund hat seine persönlichen „Lieblingsfeinde", denen er am Zaun die Hölle heiß macht und Lieblingsfreunde, deren Treffen er auf keinem Spaziergang erwarten kann – das wird der neue Nasenspielpartner.

Vorbereitung 2 Hunde, 2 Menschen, Umgebung mit Büschen und Bäumen

Spielstart Die Spielidee ist so einfach, dass man sich fragt, warum man das nicht öfter macht. Meist ist es doch so: Man trifft auf dem täglichen Spaziergang nette Menschen,

denen nette Hunde gehören. Und der eigene Hund spielt und spielt mit seinem Hundefreund, während wir Menschen dabeistehen und klönen. Jetzt wird das anders! Treffen Sie auf einen Hund, den Ihr Hund gut riechen kann, dann lassen Sie die Leinen dran und trennen sich wieder. Denn: Während Sie mit Ihrem Hund ein paar Schritte in die eine Richtung gehen und Ihren Hund ins „Sitz!" schicken, geht das andere Mensch-Hund-Team in der anderen Richtung auf die Suche nach einem guten Versteck. Ideal dafür sind Büsche oder eine dichte Baumreihe, hohes Gras oder die schmalen Gassen in hochgewachsenen Maisfeldern. Nun geben Sie Ihrem Hund das Signal: „Such Deinen Freund... Max

oder Rudi oder Jessy". Auch wenn Sie bereits wissen, wo das andere Hund-Mensch-Team sich versteckt hat, schauen Sie dort nicht hin. Bleiben Sie immer hinter Ihrem Hund und lassen Sie Ihren Blick in eine neutrale Richtung schweifen. Hat Ihr Vierbeiner seinen tierischen Spielkameraden gefunden, gibt es Belohnungen für beide. Nun werden die Rollen getauscht. Sie suchen sich ein Versteck und das andere Team geht auf die Pirsch nach Ihnen. Anschließend dürfen die Hunde wieder nach Herzenslust zusammen toben.

Achtung! Lassen Sie Ihre Hunde beim Freundschaftsspiel unbedingt an der Leine. So behalten Sie die Kontrolle beim Warten

und im Versteck. Außerdem können Jogger, Radfahrer oder andere Hunde unterwegs sein, die Ihren Hund ganz aus dem Spiel bringen.

Spiel-Variante Haben Sie einen großen Garten zur Verfügung, ist es natürlich ein Spaß, das Verstecken ohne Leine zu spielen. Lassen Sie Ihren Hund im „Sitz-bleib!" warten, bis er suchen darf. Auch der versteckte Hund bleibt ohne Mensch im „Platzbleib!" – bis sein Freund ihn gefunden hat. So ist es ein Solo-Nasenspiel für den einen Hund und eine echte Konzentrationsübung für den anderen. Wir Zweibeiner können derweil weiter klönen und unsere beeindruckenden Such-Hunde bewundern.

Ein Schnüffelspiel für den einen und ein Geduldspiel für den anderen Vierbeiner.

Knifflige Findeplätze!

Unterm Stuhl, auf der Treppe, hinterm Sofakissen – ist das schon alles? Nein, fordern Sie Ihren Hund neu heraus mit kniffligen Verstecken!

Alles ist erlaubt!

Machen Sie es Ihrem Hund möglichst einfach, wenn Sie ein neues Such-und Findespiel beginnen. Anschließend sind Ihren Versteckideen keine Grenzen gesetzt. Darum bin ich mit offenen Augen durch Haus und Garten gegangen und habe meinen Jaden ordentlich auf die Suche geschickt. Interessanterweise läuft er im ersten Überschwang oft zu den „alten", ihm bekannten Verstecken. Dann schaut er mit fragendem Blick zu mir und erst jetzt geht er wirklich auf Nasensuche.

Der Gegenstand entscheidet mit!

Genau, der Such-Gegenstand kann entscheidend sein für die Varianten. Die Frage ist: Verstecken Sie einen Duftball, einen mit Duftkäse gefüllten Kong an der Schnur oder ein parfümiertes Tuch? Nutzen Sie Gegenstände, die man variabel einsetzen kann. Ein Spielzeug an der Schnur bleibt toll in Ästen hängen. Schwieriger wird es, schaut vom Kong nur ein Stück von der Schnur noch hervor. Zum Beispiel: Hat man den Duftkong in einen Eimer oder gar eine Gießkanne gelegt. Dabei kann Ihr Hund gleich lernen, auch bei einer auf Pflaster geräuschvoll umkippenden Gieß-

Nicht so einfach: Das Versteck im Blumentopf.

kanne nicht zu scheuen. Das macht Ihren Hund für die Zukunft cool und gelassen. Richtig knifflig wird es natürlich, stellt man die Gießkanne in eine Astgabel. Was macht Ihr Hund, um an den Such-Gegenstand zu kommen? Lassen Sie sich überraschen!

Sind Sie gerade im Haus auf der Suche nach neuen Verstecken, öffnen Sie ein wenig eine Schublade und stecken Sie das Dufttuch recht auffällig zum Herausziehen hinein. Knifflig wird es, stecken Sie das Tuch so richtig tief hinten in die etwas offen stehende Schublade. Nun muss Ihr Hund erst mit dem Kopf die Schublade öffnen, um das Tuch zu holen. Dabei setzt er Nase und Köpfchen erfolgreich ein!

Für Leseratten ideal!

Sie lesen? Dann haben Sie Bücherregale. Stecken Sie das Dufttuch zwischen zwei Buchrücken. Zunächst ganz offensichtlich und ganz unten im Regal, später schaut nur noch ein Zipfel des Dufttuchs hervor oder Sie gehen eine Regalreihe höher. Zeitschriftenleser legen das Dufttuch zwischen zwei Magazinseiten. Dabei liegt die Zeitschrift mal erwartbar auf Coach- oder Nachttisch und mal klemmt die Zeitschrift zusammengerollt im Treppengeländer. So muss Ihr Hund erst die Zeitschrift herausholen, um an den Duft zu kommen. Lesen Sie gerne Gartenzeitschriften, haben Sie bestimmt einen großen Fundus an Blumentöpfen aller Art. Praktischerweise haben diese immer ein kleines Loch im Boden. Stellen Sie den Blumentopf nun auf den Kopf und stecken das Dufttuch hinein. Ihr Hund muss es herausziehen, um es zu Ihnen zu bringen. Kennt Ihr Hund das Blumentopf-Versteck, stellen Sie eine ganze Reihe von Blumentöpfen hin und nur in einem wartet der Duft auf ihn. Das kniffflige Fazit: Erlaubt ist, was Spaß macht!

Auch dieses Buch kann ein duftes Versteck sein – mit einem Tuch zwischen den Seiten.

Herausforderung für Fortgeschrittene

Den oder den?

Natürlich erkennt Ihr Hund mit dem ersten Nasenzucken, wo es nach Käse und wo nach Vanille riecht. Doch bringt er dann das Richtige?

Vorbereitung 1 Hund, mindestens 2 mit verschiedenen Düften getränkte Tücher, pro Dufttuch eine Dose, Zange (oder Wäscheklammer)

Spielstart Bisher hat Ihr Hund einen bestimmten Duft gesucht und gefunden. Jetzt darf er sich auf die Pirsch machen und stößt dabei auf zwei verschiedene Düfte. Welcher ist der, den er bringen soll? Sagen Sie es ihm! Und das geht so: Sie beginnen damit, bei der Schnüffelsuche nicht immer nur ein Signal zu geben, wie „Such den Duft!". Sondern: Sie benennen ganz konkret die verschiedenen Düfte. Fangen Sie mit einem Duft an und üben Sie mit wirklich vielen Wiederholungen. Wie bei „Sitz!", „Platz!" & Co braucht es bei jedem Signal einige Zeit, bis es zu 100 Prozent vom Hund verinnerlicht ist. Nehmen Sie

nun also Ihr Dufttuch, das mit verdünntem Vanilleduft getränkt ist. Sagen Sie: „Vanille!" und „Such Vanille!", wenn Sie mit Ihrem Hund einfache Duftsuchspiele machen. In der nächsten Woche nehmen Sie übrig gebliebenes Backaroma Rum oder Tannenduft oder was Sie finden und sagen: „Tanne!" und „Such Tanne!". Den ultimativen Test, ob Ihr Hund die Düfte wirklich aufs Signal hin sucht, machen Sie jetzt. Sie legen ein Dufttuch mit „Tanne" und eines mit „Vanille" auf den Rasen. Ihr Hund wartet im „Sitz!". Wichtig ist, dass Sie dabei entweder Handschuhe tragen oder die Düfte aus zwei verschiedenen Dosen mit einer Zange hervorholen. Natürlich können Sie die Tücher immer frisch neu machen, doch ich habe es gerne schnell und einfach – einmal machen und lange nutzen. Darum benutze ich Dosen, und zwar die schlanken, gut ausgespülten Cappuccinopulver-Dosen. Sie kennen meinen Ansatz – nutzen Sie, was Sie im Haushalt finden. Nun haben Sie also die Tücher hingelegt, entscheiden sich für einen Duft und geben Ihrem Hund z. B. das Signal:

„Such Vanille!". Was macht er? Schnüffelt er erst an dem Tannentuch, dann an der Vanille oder hat er auf Anhieb den richtigen Duft in der Nase? Beides ist in Ordnung. Bringt er Ihnen nun das richtige oder zeigt er das richtige Tuch an: Loben, loben, loben, loben.

Achtung! Denken Sie daran, Ihr Hund versteht menschliche Worte nicht vom Sinn her. Er unterscheidet lediglich die Lautfolgen, den Klang. Darum wählen Sie unbedingt Duftsignalworte, die sehr unterschiedlich klingen. Als zweiter Tipp: Nutzen Sie sehr ähnliche Tücher oder machen Sie an gleiche Tücher kleine Markierungen mit einem Stift am Rand des Tuches. So können Sie sicher sein, dass Sie immer den richtigen Duft in die richtige Dose stecken.

Spiel-Variante I – unendlich Varianten, die liegen bei diesem Spiel sozusagen in der Luft. Sie haben nahezu unendlich viele Düfte zur Auswahl, zwischen denen Sie Ihren Hund wählen lassen, damit er Ihnen

das geforderte bringt. Oder: Sie verstecken die Tücher immer schwerer – wie Seite 42 beschrieben. Erwarten Sie von Ihrem Hund dabei nicht zu viel. Die Duftunterscheidung ist schwierig. Doch Hunde lieben Herausforderungen. Also: Dran bleiben!

Neue Duftträger

⬆ Die kalorienfreie Duftmarkierung: Reiskekse!

... und jetzt fress' ich Dich!

Will man weg von den normalen Leckerlis oder Käsestückchen, dann habe ich eine Idee: Reiskekse! Sie schmecken so herrlich nach nichts, dass sie sicher keinen großartigen Eigengeruch ausstrahlen. Ganz kurz in Brühe getunkt und dann getrocknet, schaffen sie die ideale Grundlage für eine gut sichtbare und gut erschnupperbare Duftspur. Dabei wird der Duftweg selbst zur Belohnung, indem Ihr Hund erst schnuppern muss, um die Reiskeksstückchen zu finden und zu fressen (wenn er mag!). Sie können damit herrliche Spuren hinter sich her krümeln, wie bei Hänsel & Gretel. Ihr Hund wartet im „Sitz!", bevor er Ihnen folgen darf. Sie können mit Reiskeksen tolle Duftunterscheidungen machen – Sie legen zwei Spuren: Eine mit Brühe-Reiskeksen und eine mit Reiskeks pur. Übrigens: Reiskekse sind gut für die schlanke Hundelinie!

Ich kleb Dir eine...

... Duftmarkierung. Nutzen Sie dafür, was die Büroschublade beherbergt: Post-its. Die kleinen Klebezettel können mit einem Tropfen Duft benetzt werden und dann wirklich überall kleben. Die Post-its sind auch ideal, gerade wenn Ihr Hund den Duft nur anzeigen soll. Kleben Sie den Duftzettel im Haus an eine Tür, unter eine Treppenstufe, in eine Schublade, an das Regal. Dabei sind Ihnen nach oben keine Grenzen gesetzt. (Was Sie noch mit Post-its spielen können, zeigt Ihnen Aussie Jassy auf Seite 86.) Gerade für das Spiel im Haus sind Post-its perfekte Nasenspielwerkzeuge. Der Vorteil: Man hat immer ein paar frische, duftneutrale Klebezettel im Haus und schnell zu Hand. Damit kann man tierischer Langeweile unterm Schreibtisch vorbeugen.

⬅ *Varianten erlaubt mit dem Duft am Band ...*

⬇ *... oder dem Dufttropfen auf dem Klebezettel.*

Was manchmal bei der Nasenarbeit empfohlen wird, ist die Markierung von Routen durch Bänder – damit der Hundeführer weiß, wohin die Fährte geht. Ich finde, man kann doch die Bänder direkt als Träger der Duftspur nutzen. Nehmen Sie ein Stück Geschenkband und halten Sie es beispielsweise kurz in Brühe oder tauchen es in ein verdünntes Duftöl-Bad. Dann haben Sie schon einen tollen neuen Träger für Ihre Nasenspiele. Das Beste: Sie können das Band binden, knoten, wickeln. Und Bänder sind perfekt, soll Ihr Hund den duftenden Gegenstand nicht apportieren, sondern durch „Sitz!" oder „Platz!" anzeigen.

Stöcken, Tannenzapfen, Kastanien

Von drauß' vom Walde komm' ich her und darf Euch sagen: dort findet man noch mehr! Stöcke – reiben Sie richtig fest Ihre Hände daran. Diesen Duft – Ihren Duft – kennt Ihr Hund aus dem Effeff und findet ihn unter 100 Stöcken heraus. Versprochen! Oder Sie probieren es mit Tannenzapfen, die Sie zwischen den Fingern reiben und dann unter einen Haufen anderer Zapfen legen. Findet Ihr Hund den richtigen? Es hilft natürlich, wenn Sie selbst noch unterscheiden können, welches der von Ihnen markierte Zapfen ist! Im Herbst gibt es weitere Naturspielzeuge: Kastanien.

Schnüffelwege

Immer der Nase nach

Jetzt kommen Sie den Profis auf die Spur
mit Nasenspiel- Ideen für Fortgeschrittene
und Tipps für echte Fährtenarbeit. Eine
Herausforderung und ein Spaß!

Von A nach B ...

... geht es in diesem Kapitel immer der Nase
nach. Pardon: der Hundenase nach, meinte
ich natürlich. Wir Zweibeiner würden die
Wege gar nicht finden, weil dazu unsere
Riechkompetenz sozusagen exakt bei Null
ist. Wir können höchstens per Nase ermit-
teln, von welchem Nachbarn der Grillduft
kommt (und ob man sich demzufolge
dort zum Essen einladen kann oder lieber
nicht). Doch damit ist unser Nasenlatein
bereits am Ende und oft denke ich: Das ist
auch gut so.

Wenn es um Schnüffelwege geht – und ab
Seite 58 speziell um Fährtenarbeit – ver-
stehen Sie dieses Buch bitte als Anleitung
zum vergnüglichen Miteinander von
Mensch und Hund. Wer jagdlich mit sei-
nem Hund arbeiten will oder Wettkampf-
Fährtenarbeit machen möchte, der darf
sich in anderen Büchern tummeln. Meine
Bücher sind ein Treffpunkt für Leser, die
Lust auf Spaß mit Hund haben und die
Regeln auch schon mal zugunsten des
Hundes oder der eigenen Ungeduld ver-
schieben. Ich bin kompromisslos für ein
entspanntes Miteinander von Mensch und
Hund und für sinnvolle Beschäftigung und
Übungen, die den Alltag bereichern. Mir ist

wichtig: Der Weg von A nach B, von Ihren
Anstrengungen bis zum braven Hund, geht
über Spiele und positives Training. Folgen
Sie mir!

Die helfende Hand ...

... ist bei der Nasenarbeit: der helfende
Blick. Weil Hunde so sehr auf unsere Körpersprache achten, folgen Sie jedem unserer Blicke. Darum ist es wirklich wichtig,
dass Sie bei den Schnüffelwegen hinter
Ihrem Hund bleiben. Das geht am besten
mit einer langen Schleppleine (die übrigens zur Zeit des Leinenzwangs ideal ist,
auch beim Joggen, wie ich festgestellt
habe). An der langen Leine können Sie mit
kleinem Abstand hinter Ihrem Hund bleiben. Denken Sie an ein Geschirr um Brust
und Rücken als Alternative zum Halsband.
Um es anzupassen, lassen Sie sich bitte
beraten. Der Hals gehört zu den empfind-
lichsten Körperteilen des Hundes. Hier reagiert er auf jeden noch so kleinen Impuls
der Leine – und damit von uns Hundefüh-
rern. Das Geschirr vermindert unsere unbewusste Einflussnahme. Außerdem kann
es zur freudig erwarteten Ankündigung
werden: „Aha, das Geschirr wird angelegt,
jetzt heißt es: Nase spitzen!"

Statt Hänsel & Gretel

Verführerische Spur

Diese Spur ist kein selbstbelohnender Leckerliweg. Hier wird wirklich eine Duftspur gezogen. Ob Ihr Hund dahinter kommt, wo der Weg ist und das Ziel? Bestimmt!

Vorbereitung 1 großes Taschentuch, 1 Gummiband, 1 langes Band, große Stücke Fleischwurst – für die Spiel-Variante II: Fleischbrühe, 1 Wasserpistole

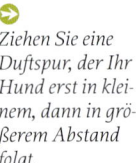

Ziehen Sie eine Duftspur, der Ihr Hund erst in kleinem, dann in größerem Abstand folgt.

Spielstart Hinter etwas Gutem läuft man gerne her. Bereiten Sie für diese Spur die verführerische Beute vor, ohne dass Ihr Hund dabei ist. Nehmen Sie einige dicke Scheiben Fleischwurst und legen Sie ein großes Herrentaschentuch darum, das Sie oben mit einem Gummiband zusammenbinden. Knoten Sie hier, am oberen Ende des Wurstpaketes, ein langes Tau oder eine Hundeleine an. An diesem Band bzw. an der Leine ziehen Sie dann langsam das Wurstpaket hinter sich her. Ihr Hund wartet im „Sitz!". Sie lassen ihn einige Male an dem Wurstpaket schnüffeln, sodass er seine Belohnung bereits in der Nase hat. Nun gehen Sie in deutlichen Bögen oder schnurstracks durch den Garten oder das Gelände und wenn Sie außer Sicht sind, geben Sie Ihrem Hund das Signal für seine Suche. Ist er der verführerischen Spur gefolgt? Dann belohnen Sie Ihren Hund fürstlich mit der Wurst aus dem Taschentuchpaket.

Achtung! Es kann natürlich passieren, dass Ihr Hund nicht seine Nase auf den Boden hält und der Spur folgt, sondern er einfach nur zu Ihnen rennt. Wiederholen Sie das Spiel entweder mit einer anderen Person,

die den Wurstweg vorgibt. Oder: Sie bereiten die Fährte erst vor und lassen einige Minuten später Ihren Hund auf die Schnüffelsuche gehen.

Spiel-Variante I Beherrscht Ihr Hund dieses Spiel, überraschen Sie ihn mit einer kleinen, aber wirkungsvollen Variante. Steigern Sie den Schwierigkeitsgrad der Spurensuche mit Duftlücken. Das heißt, es wird besonders schwierig, gibt es am Boden ab und zu nichts mehr zu riechen, weil Sie für ein, zwei Schritte das Wurstpaket hochgehoben haben, bevor es wieder über den Boden gezogen wurde. Findet Ihr Hund den Anschluss?

Spiel-Variante II Statt ein Wurstpaket zu knüpfen, stibitzen Sie aus dem Kinderzimmer eine Wasserpistole und füllen dort Fleischbrühe (oder mit Wasser verdünntes Duftöl) hinein. Nun spritzen Sie die Spur, während Sie in einigen Bögen durch den Garten gehen. Einige Zeit später gehen Sie mit Ihrem Hund an den Startpunkt. Lassen Sie ihn eine Probe des verspritzten Duftes riechen und: Los geht's! Besser, Sie haben sich den Streckenverlauf gemerkt. Nur so können Sie den Erfolg kontrollieren.

Ändern Sie die Richtung und auch den Untergrund – das ist eine neue Anforderung.

Das haben Sie in der Tasche!

Ganz spontan …
…ist mir dieses Spiel eingefallen, als ich in einer Innentasche meiner Jacke etwas fand, was ich für meinen Jaden nur zu gerne zweckentfremdet habe!

Vorbereitung 1 Einmal-Feuchttuch (alternativ: 1 Einmal-Brillenputztuch), evtl. Steine, immer Natur und Hund

Spielstart Es ist doch so, dass man oft Sachen mit sich herumträgt, die man irgendwann bekommen hat. Man fand sie zu nützlich zum Wegwerfen und benutzt sie doch so gut wie nie – schon allein, weil man im richtigen Moment vergisst, dass man sie überhaupt noch hat. Dafür sind Einmal-Feuchttücher oder Brillenputztücher das beste Beispiel. Bevor das Spiel beginnt, durchforschen Sie Ihre Handtaschen, Jackentaschen oder Aktenkoffer und Kulturbeutel. Sie werden mindestens ein Wegwerf-Feuchttuch finden. Das stecken Sie sich nun unvergesslich in die Hundespaziergehwetterjacke. Nun können Sie unterwegs aus diesem kleinen Tütchen ein tolles Spiel zaubern. Mit einem Riss geöffnet, verströmen diese Tücher einen häufig zitronigen Duft. Machen Sie nun bereits beim Öffnen Ihren Hund aufmerksam auf

↑ *Erst neugierig machen, dann schnüffeln lassen.*

das Tuch. Holen Sie es mit deutlicher Begeisterung heraus und lassen Sie Ihren Hund daran riechen. Belohnen Sie Ihren Hund, wenn er sich für das Tuch interessiert. Dann legen Sie nur vier, fünf Schritte entfernt ein Leckerli mal auf und mal unter das Dufttuch und schicken Sie Ihren Hund dorthin. Bleiben Sie immer mit voller Begeisterung dabei. Gerade unterwegs in der Natur gibt es viele Konkurrenzdüfte. Es passiert hier was und da was. Wir Menschen müssen wirklich mit vollem Einsatz dabei bleiben, wollen wir, dass unser Hund mitspielt. Jetzt hat der Hund also gelernt, das Tuch und den damit verbundenen Duft interessant zu finden. Nun können Sie das Tuch verstecken. Oder: Mehr Bewegung kommt ins Spiel, reißen Sie es in erst vier, dann in acht Schnipsel und legen damit schnell eine Spur. Anfangs können Sie auf einige der Schnipsel ein Leckerli legen, damit Ihr Hund sicher weiß, was er tun soll: von Tuch zu Tuch der Spur folgen. Im zweiten oder dritten Durchgang gibt es die Belohnung erst am Ende.

Achtung! Dufttücher sind schnell vom Winde verweht. Beschweren Sie das Tuch bzw. die Tuch-Schnipsel einfach mit Steinen. So bleiben sie, wo sie liegen sollten. Und wichtig: Lässt Ihr Hund mal ein Tuchschnipsel aus, ist das nicht schlimm. Verkürzt er aber immer wieder den Duftweg, nur um flott zu Ihnen zu kommen, brechen Sie das Spiel ab und beginnen an einem anderen Tag von neuem – mit deutlich weniger Duftstationen. So stellen sich die nächsten Erfolgserlebnisse bald ein! Ist es immer windig, nutzen Sie kleine Dekofähnchen für Fingerfood. Tröpfeln Sie auf jede Fahne etwas Duftöl und stecken Sie eine Duftspur in den Boden.

Ihr Einsatz ist gefragt: Schnell einen Duftweg legen und zum Schnüffeln animieren!

Die Kombination macht's!

⬆ *Gemeinsam den Hunden Abwechslung bieten und sich gemeinsam über Erfolge freuen.*

Von Station zu Station

Für dieses Spiel brauchen Sie Freunde. Am besten trommeln Sie mehrere Hundeleute zusammen, die Lust haben, einmal etwas anderes mit Ihren Hunden zu machen.

Vorbereitung 3–5 Joghurtbecher, 1 duftendes Hundespielzeug, Leckerlis oder andere Duftträger (Seite 46!) für die Spur, mindestens 3 Menschen

Spielstart Die Idee von diesem Nasenspiel ist, mehrere Dinge zu kombinieren. Zunächst gibt es eine Grundspur. Sie führt vorbei an zwei Spielstationen. An diesen Stationen steht jeweils ein Mensch, der mit dem Hund ein Nasenspiel macht. Idealerweise haben Sie für das Stations-Spiel eine

große Wiese zur Verfügung, sodass Sie in die Fährte zu den einzelnen Stationen wirklich Bögen oder Wendungen einbauen können. An der ersten Station angekommen loben Sie Ihren Hund. Hier spricht ihn der zweite Mensch an und zeigt ihm das Duftmemory, bei dem unter einem der Joghurtbecher ein Leckerli deponiert ist – bitte ein ganz anderes Leckerli verwenden als auf der Fährte. Wiederholen Sie das Memory ein zweites Mal. Erst dann geht es per Duftspur weiter zur nächsten Station. Dort wartet der dritte Mensch. Er lässt den Hund an einer Duftprobe schnüffeln und schickt ihn auf die Suche nach einem bereits versteckten Spielzeug, das den gleichen Duft trägt. Bitte darauf achten, das sich die Hauptspur und der Weg zum versteckten Spielzeug nicht kreuzen und die Düfte sich nicht ähneln. Hat Ihr Hund das Spielzeug gefunden und zeigt es an oder bringt es zu seinem menschlichen Spielpartner, wird der Hund ausführlich gelobt. Dann schicken Sie ihn wieder

Achtung! Wenn andere Hunde in der Nähe zusehen, kann das Ihren Hund sehr ablenken. Fangen die wartenden Hunde an zu spielen, wird es noch schwieriger. Gerade beim ersten Durchgang ist es darum sinnvoll, dass ein vierter Mensch dabei ist, der die wartenden Hunde ins „Platz – bleib!" schickt oder mit Ihnen außer Sichtweite einen kurzen Spaziergang macht.

Spiel-Variante Machen Sie, was Sie möchten, Ihnen einfällt und Ihr Hund gut kann. Sie können immer neue Spiele an den Stationen machen oder mehr als zwei Stationen auf der Hauptfährte einbauen. Hier gebe ich mal keine konkreten Tipps vor, sondern motiviere Sie ganz bewusst, selbst

Duftprobe nehmen und dann duftenden Gegenstand suchen. Keine leichte Aufgabe!

auf die Spur – bis zum Ziel der Fährte. Hier sollte ihn auf jeden Fall ein großer Wassernapf erwarten und vielleicht ein richtiges Tobespiel. Jetzt darf Ihr Hund sich zu den anderen wartenden Hunden gesellen, sich ausruhen und ein anderer Vierbeiner ist dran.

kreativ zu sein. In diesem Buch finden Sie ja bereits viele Ideen, und ganz sicher haben Sie inzwischen eigene Lieblingsnasenspiele, die Sie Station für Station einbauen können. Oder: Sie ergänzen die Schnüffelarbeit zu den Stationen mit besonders schnellen und sportlichen Spielen!

↻ *Zuerst die Hindernisse aufbauen und jetzt die Duftspur legen.*

Mehr als über Stock und Stein!

Hindernisspur

Immer direkt am Boden kleben mit der Nase, so sieht die perfekte Fährtenarbeit aus. Doch wir steigern die Anforderung mit kleinen Ausflügen nach oben.

Vorbereitung Bank, Brett über Steine oder Kisten, Mini-Trampolin, A-Wand, Tunnel, Tisch – was immer Sie an Hindernissmöglichkeiten schnell bauen, sicher improvisieren können oder bereits zur Stelle haben

Spielstart Legen Sie für dieses hindernisreiche Nasenspiel eine echt verführerische Fährte aus richtig guten Leckerlis – vor allem beim ersten Durchgang. Dieses Spiel ist mehr als reine Nasenarbeit. Im Grunde ist es eine kleine, spielerische Mutprobe und gleichzeitig eine Geschicklichkeitsübung. Dabei legen Sie eine Spur für Ihren Hund, die über Bänke, unter Tischen, über A-Wand oder das Mini-Trampolin und

Dann den Hund langsam und leinenfrei auf den Hindernis-Schnüffelweg schicken.

durch den Tunnel führt. Anders als beim flotten Hundesport soll der Hund aber über diese Hindernisse nicht mit ordentlich Tempo rasen. Er soll den Weg darüber, darunter oder dadurch erschnüffeln. Schritt für Schritt. Dabei lassen Sie Ihre Leine weg und lassen den Hund mal machen. Bauen Sie die Hindernisse nicht zu nah hintereinander auf. Sie sollen eher wie zufällig auf der Duftspur liegen. Bricht Ihr Hund vor einem Hindernis ab, weil er nicht weiter weiß, motivieren Sie ihn, der Spur zu folgen. Versucht er das Hindernis zu umgehen und dahinter weiter der Spur zu folgen, starten Sie neu und lassen Sie die Leine dran. Sicher wird er jetzt konzentrierter arbeiten.

Achtung! Falls Ihr Hund dazu neigt, etwas übermotiviert vom Nasenspiel direkt zur Hasenspur oder läufigen Hündinnen-Fährte überzugehen und das Weite zu suchen,

lassen Sie natürlich die Leine dran. Je nach Hindernis kann Ihr Hund die Leine auch für ein Stück hinter sich her schleppen, bevor Sie sie wieder aufnehmen. So bleibt Ihr Hund im besten Sinne und in jeder Situation unter Kontrolle.

Spiel-Variante Die verschiedenen Möglichkeiten bei diesem Spiel ergeben sich aus der Kombination der Hindernisse und der Wahl der Hindernisse. Zudem bietet die Nasenarbeit selbst jede Möglichkeit, den Schwierigkeitsgrad zu erhöhen: Die Spur wird mit weniger Leckerlis gelegt oder mit nur noch schwachem Duft aufgespürt. Sie können für junge oder für schreckhafte Hunde auch kleine Extra-Mutproben einbauen wie das Laufen über eine knisternde Folie, den Gang durch ein Bällebad oder die Duftspur durch ein gefülltes Planschbecken (in dem Leckerlis schwimmen!).

Geschafft!

Fährtenarbeit gut vorbereitet!

⊙ *Richtig fest das Gras zertreten ...*

Achtung, nun werden wir etwas offizieller – oder naja, wir nähern uns jedenfalls in großen Schritten der „richtigen" Fährtenarbeit, wie sie im Buche steht.

Tierische Schwerstarbeit!

Sie haben Lust bekommen, richtig mit Ihrem Hund an den Details der Nasenarbeit zu feilen. Darum stellen die tollen Teams vom Fototermin Ihnen gerne einige die Grundlagen und Ausschnitte aus der fortgeschrittenen Fährtenarbeit vor.

TIPP

Mehr Fährten-Tipps!

Profi-Tipp: Nach dem Legen der Fährte bis zu 30 Minuten warten – in der Zwischenzeit: einen entspannten kurzen Spaziergang machen, bei dem Ihr Hund sich lösen und seine Muskulatur aufwärmen kann. Danach erst: Anlegen des Geschirrs und Einhaken der langen Leine.

Schnell-Tipp: Für die erste Fährtenarbeit: Legen Sie in den Abgang zuerst die Leckerlis und dann treten Sie das Feld aus – so klebt der Leckerliduft direkt an Ihren Sohlen. Das macht die Trittspur noch leichter erkennbar!

Nochmal zur Erinnerung: Nasenarbeit ist Schwerstarbeit für Ihren Hund. Die Pulsfrequenz und Körpertemperatur des Hundes erhöhen sich. Aus diesem Grund arbeiten selbst echte Schnüffelprofis bei Rettungseinsätzen oder beim Zoll nie länger als 20 Minuten am Stück. Denken Sie daran, wenn Sie jetzt mit dem Training beginnen.

Der Abgang

Bevor Sie die Fährte legen, orientieren Sie sich im Gelände, um für sich Merkpunkte zu finden. Entlang dieser Punkte können Sie sich beim Legen der Fährte später sehr gut orientieren oder – falls ein anderer die Route legt – können Sie sich mit ihm besser abstimmen. Es kann nicht schaden, die Fährte auf einem Notizblock zu skizzieren, gerade wenn sie später länger wird. Bei der Fährtenarbeit soll man auf optische Kennzeichnungen des Schnüffelweges verzichten – mit Ausnahme des Abgangs. So nennt man den Startpunkt der Nasenarbeit. Ein Stock markiert diese Stelle. Hier bedecken Sie – ohne Beisein des Hundes – ein knapp ein Meter breites und langes Quadrat

⊕ *... bis der Anfang der Fährte perfekt markiert ist.*

⊕ *Ab hier Schritt für Schritt die Fährte legen mit Leckerlis in jedem Fußtritt – ganz präzise.*

Zentimeter für Zentimeter mit Ihren Fußabdrücken (bzw. den Fußabdrücken der Person, die die Trittspur legt). Die Kanten des Abgangs sollen dabei schnurgerade sein. Damit nun Ihr Hund diese Fährte richtig toll findet, werden auf ihr viele Leckerlis verteilt. Die gleichen Leckerlis, wie Sie sie anschließend auf der Fährte nutzen.

Die Trittspur

Zwischen dem Austreten des Abgangs und dem Start der Fährtenarbeit kommt das Wesentliche: das Legen der Trittspur – und damit meine ich wirklich: legen. In fast jeden Fußabdruck, den Sie auf der Fährte Schritt für Schritt hinterlassen, legen Sie oder werfen Sie gezielt ein Leckerli. Achten Sie ab der ersten Fährte darauf, nicht ausschließlich gerade Linien zu laufen, sondern Bögen einzubauen und auch Wendungen. Dabei fällt es einem Hund anfangs leichter, sanfte Wendungen zu erkennen als scharfe oder gar spitze Ecken. Legen Sie auf der Fährte einige Gegenstände aus, die Sie bereits einige Zeit am Körper getragen haben. Diese sollen Ihrem Hund zunächst helfen, Erfolge zu erleben.

Fährtenarbeit – erfolgreich schnüffeln!

➡ *Achtung! Keine Leckerlispur ins Gras werfen, sondern in jeden Fußabdruck etwas legen.*

Die Fährte ist gelegt und der Fährtenleitgeruch konnte sich entwickeln. Er setzt sich zusammen aus den durch unsere Tritte hinterlassenen Bodenverletzungen (z. B. abgeknickte Grashalme), dem Gärungsprozess durch den Austritt von Pflanzensaft und aus dem ganz persönlichen Geruch des Menschen. Zusätzlich duften natürlich die Leckerlis. Für eine Hundenase sind das so deutliche Hinweise wie für uns eine weiße Spur zwischen lauter bunten Linien.

Am Startpunkt

Am Abgang beginnt sie, die intensive Schnüffelarbeit für den Hund. Hier duftet es dem Hund so intensiv entgegen, dass er von selbst mit dem Schnüffeln beginnen wird. Warten Sie ruhig ab, mit lockerer

Leine, bis Ihr Hund konzentriert schnüffelt. Dann führen Sie das Signalwort „Such!" (oder z. B. „Fährte!") ein. Erwischen Sie dabei die Momente, in denen Ihr Hund mit der Nase tief am Boden ist. Sprechen Sie das Signalwort sehr ruhig aus. Es soll den Hund nicht zu stark motivieren, anders als bei „Hol den Ball!" – da wollen wir, dass der Hund direkt lossprintet. Jetzt soll er ruhig arbeiten.

Der Abstand

Hat Ihr Hund vom Abgang aus die Fährte entdeckt, folgen Sie ihm in ein, zwei Metern Entfernung. Die Leine bleibt dabei immer locker. Nehmen Sie keinen Einfluss auf den Weg Ihres Hundes, auch wenn Sie die Abfolge der Fährte genau kennen und vielleicht etwas unruhig werden. Verliert Ihr Hund die Fährte, bleiben Sie weiterhin ruhig. Geben Sie ihm die Chance, zur Fährte zurückzufinden, indem Sie stehenbleiben. Gleichzeitig machen Sie sich klar, dass

Ihr Hund die Fährte nicht bis zum Ende schnüffeln muss. Im Gegenteil! Den Hund nach einiger Zeit sanft am Halsband von der Fährte zu holen, wird zu Motivation pur. Die Fährtenprofis Dorothee Schneider und Armin Hölzle erklären das so: „Da der Hund weiß, dass die Spur eigentlich noch weiter geht und dort noch Leckereien ausliegen, steigt seine Erwartungshaltung." Die Spur muss also anfangs immer länger sein, als geschnüffelt werden soll, um Vorfreude aufs nächste Mal zu wecken. Das machen wir doch gerne!

Die Belohnung

Ganz klar gilt bei der Fährtenarbeit: Der Weg ist das Ziel. Da der Weg zunächst mit vielen (später mit weniger bzw. viel kleineren) Leckerlis ausgelegt ist, wird der Gang über die Fährte selbst zum Vergnügen für den Hund. Würde am Ende die große Belohnung folgen, würde Ihr Hund flott dorthin gelangen wollen, sich nicht die nötige

Vom Winde verweht!

- ➡ Achten Sie auf den Wind!
- ➡ Legen Sie die Fährte immer mit dem Wind!
- ➡ Seitenwind macht die Spur undeutlich.
- ➡ Gegenwind lässt den Hund die Nase hochnehmen.

Zeit für die Fährte nehmen und vielleicht wichtige Richtungswechsel der Trittspur verpassen.

Hat Ihr Start in die Fährtenarbeit gut geklappt, verlängern Sie langsam die Fährten und nutzen Sie verschiedenste Gelände. Sie können auch innerhalb einer Fährte wechseln von Gras zu Sand und über einen Bach. Wollen wir unseren Hund mehr fordern, lohnt es sich nach guten Schnüffellandschaften zu suchen.

Perfekte Nasenarbeit: Die Nase bleibt am Boden, obwohl ein Kind die Fährte kreuzt!

Der Profi-Schnüffler

Ja, für die geübte Fährtennase gibt es Herausforderungen. Zum Beispiel: Ablenkungen. Lässt Ihr Hund sich davon nicht aus der Bahn werfen, ist er ein echter Profischnüffler.

Die falsche Fährte

Nachdem die Trittspur für die Fährte gelegt ist, kommt mit einiger zeitlicher Verzögerung eine zweite Person. Sie legt eine sogenannte Verleitfährte, die die Ursprungsfährte an einigen Stellen kreuzt. Diese Verleitfährte wird lediglich durch das Ablaufen erstellt und nicht durch Futter unterstützt. Das Ziel ist: Der Hund soll sie bemerken, aber dann ganz bewusst auf der Ursprungsfährte bleiben. Der entscheidende Hinweis, dass es eine falsche Fährte ist, kommt für den Hund vor allem durch den Geruch des Menschen, der sie gelegt hat – seinen Individualgeruch. Da Sie vorab miteinander besprochen haben, wo der Verleitfährtenleger auf die Fährte trifft, wissen Sie genau, was wo passieren wird. Behalten Sie dieses Wissen körpersprachlich für sich. Das heißt: Werden Sie weder schneller noch langsamer oder bleiben Sie gar stehen, sobald der Hund auf die zweite Fährte stößt. Ihr Hund wird sich sonst daran gewöhnen, dass bei unwichtigen Störfährten sein Mensch ihm schon den entscheidenden Tipp gibt.

War da was...?

Während Ihr Hund falsche Fährten zu ignorieren lernt, sollte er auch allen anderen Arten von Ablenkung bei dieser intensiven Schnüffelei keine Aufmerksamkeit schenken. Das beginnt vor allem damit, dass er der Anwesenheit von anderen Hunden keine Bedeutung beimisst und mit der

Nase auf der Spur bleibt. Auch Menschen oder Hindernisse sind kein Störfaktor in der Konzentration – dafür kann sich ein Mensch über die Spur stellen oder die Spur über oder unter Hindernissen hindurch führen. Probieren Sie es aus!

Eine zweite Herausforderung sind die Gegenstände auf der Fährte. Diese sollen für den Hund nicht der Hinweis darauf sein, dass er auf dem richtigen Weg ist. Sie sind Teil der Aufgabe. Er soll sie durch „Platz!" anzeigen und so lange liegend verharren, bis Sie den Gegenstand genommen und kurz in die Höhe gehalten haben. Erst auf Ihr Signal hin soll der Hund ruhig (!) die

CHECK

Profi-Schnüffler können

- Hunde ignorieren
- Verleitfährten erkennen
- Hindernisse überwinden
- Gegenstände verweisen
- Untergründe wechseln
- Wendungen folgen
- Ruhe bewahren

Fährtenarbeit wieder aufnehmen. Das Verweisen auf den Gegenstand übt man im Vorfeld des Fährtentrainings und führt es so in die Sucharbeit ein: Man legt den Gegenstand auf das Abgangfeld. Der Hund legt sich beim Gegenstand ins „Platz!". So lernt der Hund, dass es nach dem Hinlegen mit der Fährte weiter geht.

Richtungswechsel

Profi-Schnüffler müssen nicht nur einfach schnurgeraden Fährten folgen. Sie müssen Bögen, rechte Winkel und vor allem auch spitze 70°-Wendungen zuverlässig erschnüffeln und diesen kurvenreichen Wegen folgen – auch wenn Sie über eine Straße oder durch eine Sandkuhle führen.

Der Beagle hat den Richtungswechsel ohne Hilfe des Hundeführers erkannt: sehr gut!

Achtung: Nasenpflege!

Vorsicht!

Wenn die Nase so tief durch das Gelände geschickt wird wie bei der Fährtenarbeit, ist Aufmerksamkeit gefragt. Der Fährtenleger muss darauf achten, dass die Spur nicht über für den Hund gefährliche Gräser und Unkräuter geht, die z. B. mit Grannen und deren fiesen Widerhaken bestückt sind!

Wasser!

Immer, immer, immer wieder wichtig: Bieten Sie Ihrem Hund Wasser an – vor allem nach getaner Arbeit. Es ist zwar ein Mythos, dass eine gesunde Hundenase immer feucht sein muss, doch wie bei jedem Sportler ist die Versorgung mit Flüssigkeit Teil des Erfolgsrezeptes!

Pflege!

Eine Hundenase braucht keine große Pflege. Sollte sie dennoch zu Rissen neigen, kann sie mit etwas Vaseline vorsichtig eingecremt werden. Im Grunde aber: Vermeiden Sie Berührungen an der Nase. Denken Sie daran, was sie für ein hochspezialisiertes und damit hochempfindliches Werkzeug für Ihren Hund ist.

Lecken!

Was bedeutet es, wenn ein Hund seine Nase leckt? Oft ist es eine unbewusste Bewegung, die etwas anderes bedeutet. Achten Sie auf sogenannte Übersprungshandlungen wie: Kratzen am Halsband, Nase lecken, Gähnen oder plötzliches Bellen. Diese Übersprungshandlungen können Überforderung, Unsicherheit und Stress anzeigen. Schauen Sie beim Training genau auf die Körpersprache Ihres Hundes. Er zeigt Ihnen deutlich, wenn Sie zu viel von ihm verlangen. Legen Sie dann eine Trainingspause ein! Übrigens: Eine gestresste Nase kann durch eine Überproduktion von Nasenflüssigkeit tropfen.

Alles rund!

Um Verletzungen an der Nase zu vermeiden, achten Sie bei Näpfen und Hundespielzeug auf weiche, abgerundete Kanten. Wenn Sie für neue Nasenspiele gerne mit zusammengesuchten Gegenständen experimentieren, schauen Sie bei den Kanten genau hin!

Seife!

Ob eine Dusche im Garten oder ein Bad in der Wanne, ab und zu braucht jeder Hund eine ordentliche Ganzkörperwäsche von Kopf bis zu den Pfoten. Und was ist mit der Nase? Halten Sie Seife von der Hundenase unbedingt fern. Sie muss auf gar keinen Fall mitgewaschen werden. Klar, ein wenig Hundeshampoo kann beim Abduschen über sie laufen, aber eine extra Waschung braucht sie nie.

Supernasen
& dufte Kids

Kinder, Kinder: Hier ist was los!

Genau, wo Hund und Kinder sind, gibt es doppelten Spaß. Denn: Unser Nachwuchs und unsere Vierbeiner können ein tolles Team sein!

Wie fängt man es an?

Kommt erst der Hund und dann das Baby, ist es wichtig, dem Hund von Welpenbeinen an bestimmte Grenzen zu setzen. Grenzen, die man eben auch setzen würde, wäre ein Baby bereits da. Zum Beispiel: nicht aufs Sofa springen, nicht mit im Bett schlafen und Räume, die Tabu sind. Bei aller Hundeliebe: Ein Hund ist und bleibt ein Tier mit durchaus scharfen Zähnen und einer – auch bei der besten Erziehung – gewissen Restunberechenbarkeit. Zudem verordnen Sie Ihrem Hund bewusst Auszeiten, in denen Sie etwas ohne ihn machen. Ist erst ein Baby im Haus, wird der Hund von jetzt auf gleich viel weniger Beachtung finden. Ich selbst habe zwei Kinder und weiß, wovon ich schreibe. Bei uns war zuerst Jaden da, dann folgten die Babys. Da wir gut vorbereitet waren, kam das Thema „Eifersucht" nicht vor, ganz bestimmt aber der Verlust von Aufmerksamkeit. Da ist es besser, sich vor der Geburt des Kindes (wenn möglich!) mit seinem Partner abzusprechen, wer danach hauptverantwortlich ist für Futter und Beschäftigung. Zum Glück ist es gerade für den Nachwuchs

richtig gut, bei Wind und Wetter vor die Tür zu gehen. Es ist zwar anstrengend für jede Mutter, den Kinderwagen zu schieben und gleichzeitig den Hund an der Leine mitzunehmen, doch jeder Spazierweg wird so zur Hundezeit – samt Spiel und Spaß.

Die Kinder wollen einen Hund?

Gute Idee. Ja, entscheiden Sie sich für ein Leben mit Hund, WENN Sie es genauso wollen wie Ihre Kinder. Schließlich tragen wir Eltern die Verantwortung, die finanziellen Kosten für Leine, Futter, Leckerlis und Tierarzt. Achten Sie nach dem Einzug des Hundes darauf, dass ganz bald ein neuer Familienalltag gelebt wird. Je fester die Spaziergeh-, Fütter- und Spielzeiten festgelegt sind, desto mehr werden sie zum selbstverständlichen Ritual ohne die tägliche Frage: „Wer macht heute was…?" Überlegen Sie vor der Anschaffung des Hundes, welche Reiseziele Sie mit dem Hund zusammen ansteuern. Dänemark, klar, aber Jaden war zum Beispiel auch mit am „Schiefen Turm" in Pisa. Überlegen Sie, wer den Hund im Fall einer längeren Flugreise nehmen könnte.

Kind und Hund

Das Zusammenspiel kann beginnen – wenn Kind wie Hund sich an Regeln halten. Für mehr Sicherheit und noch mehr Vergnügen!

Spielkameraden?

Oft gibt es heutzutage eine Trennung von Kindern und Tieren. Natürlich, ein Zoobesuch ist für Eltern selbstverständlich. Doch eine Katze, zwei Kaninchen oder gar einen Hund im Haus? Das muss doch nicht sein. Ich finde auch, das muss nicht sein, aber es tut so gut! Dieser völlig tierfreie Alltag führt allerdings dazu, dass die Kinder Unsicherheiten und Ängste im Umgang mit Tieren entwickeln. Hunde sind für Kinderängste ein häufiges Ziel. Was tut man, kommt ein kleiner und sehr ängstlicher

Spielkamerad ins Haus? Zuerst: Nehmen Sie diese Angst sehr ernst! Zeigen Sie dem Kind deutlich: „Ja, es gibt in unserem Haushalt einen Hund, aber schau: Ich habe ihn an der Leine und unter Kontrolle. Da Du jetzt im Haus spielst, ist der Hund solange im Garten oder bleibt in einem Zimmer." So gewinnt das Kind an Sicherheit. Beim nächsten Mal können Sie dem Besuchskind in sicherer Entfernung vielleicht zeigen, was Ihr Hund alles Tolles kann. Das öffnet oft die Herzen der Kinder. Sie werden neugierig und sind fasziniert, wenn ein Hund auf ein Signal hin bestimmte Aufgaben erledigt. Alleine schon, dass ein Hund einen Ball zuverlässig zurückbringt, dem Menschen zum erneuten Werfen hinlegt oder gar in die Hände gibt, weckt die Lust, es auch mal zu probieren. Bei uns hat diese

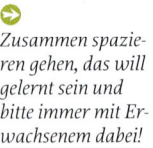

Zusammen spazieren gehen, das will gelernt sein und bitte immer mit Erwachsenem dabei!

Methode schon einige hundeängstliche
Kinder zu unermüdlichen Ballwerfern für
Jaden gemacht. Wie Sie auch vorgehen,
denken Sie an den maximalen Schutz des
Kindes. Und doch: Geben Sie nicht auf!
Natürlich gibt es gute Gründe, bei fremden
Hunden sehr vorsichtig zu sein. Doch ist
der Knoten einmal geplatzt, sind Hund
und Kind Spielkameraden fürs Leben. Die
gleich folgenden Nasenspiele bieten eine
tolle Möglichkeit, in einem Rahmen fester
Regeln mit einem Hund zu spielen und
Spaß zu haben.

Freunde fürs Leben...
...heißt auch: Freunde im Alltag. Bei Regen,
bei Schneematsch, im Urlaub. Gegenseitig
aufeinander Rücksicht zu nehmen, gehört
zum Zusammenleben. Der Hund ist ein

wichtiges Familienmitglied. Um seine
Bedürfnisse muss man sich kümmern: Füttern, Bürsten, Wasser hinstellen, der Gang
um den Block und der Besuch beim Tierarzt, das Training zuhause, in der Hundeschule und das Spielen. Für mich ist das
Spiel die schönste Beschäftigung mit dem
Hund. Hier neue Dinge auszuprobieren,
motiviert meine Kinder, mit dabei zu bleiben. Es macht sie stolz, was unser Hund
alles kann und es macht sie stolz, was sie
mit Jaden alles auf die Beine stellen. Geben
Sie Ihren Kindern oder Enkelkindern die
Chance, Hunde von einer anderen Seite
als schlafend, am Zaun bellend und an der
Leine spazierengehend kennen zu lernen.
Und lassen Sie die neugierige Kindernase
mitspielen! Wie das geht, lesen Sie jetzt auf
den nächsten Seiten...

Ohne Hände halten Hunde mit den Zähnen fest. Beim kontrollierten Spiel kann das ein Spaß sein!

Riechst Du was?

Zwei-Nasen-Riechspiel

Jetzt kommt der Wettbewerb aller Wettbewerbe: Kindernase gegen Hundenase. Wer schnüffelt besser? Der ultimative Test!

Vorbereitung 1 Kind, 1 Hund, 2–3 Nudelsiebe, duftende Käsestücke (oder Duft-Tücher s. Spiel-Variante I)

Spielstart Hund und Kind warten in einem anderen Zimmer oder drehen sich von Ihnen weg. Nun zücken Sie zwei, drei Haushaltssiebe und öffnen eine Dose, in der Sie duftende Käsestückchen vorbereitet haben. Wie schätzen Sie die Nase Ihres Kindes ein? Eher sensibel oder ziemlich schwerfällig? Wählen Sie danach die Duftstärke der Käsesorte und die Größe des Stückchens. Vermutlich wird Ihr Kind sich bei diesem Spiel erst „einschnüffeln" müssen, darum machen Sie es in diesem Fall Ihrem Kind anfangs nicht zu schwer. Es soll ja nicht unnötig frustriert sein, weil es immer gegen seinen Hund verliert. Kinder können schnell die Lust verlieren. Jetzt legen Sie ein Käsestück unter eines der Siebe. Rufen Sie zunächst Ihr Kind. Es legt sich auf den Bauch oder geht in die Hocke und schnüffelt am Sieb – mit geschlosse-

nen Augen. Es soll ja nicht durch die Ritzen linsen, um nach dem Käse zu schauen. Nach der zweifachen Riechprobe muss es sich entscheiden: Wo ist der Käse? Dann ist der Hund dran. Er schnüffelt und wird ganz schnell zeigen, wo das Sieb mit dem Käse ist. Hat er es gefunden, darf er die Belohnung fressen. Ist es das Sieb, das Ihr Kind ausgewählt hat? Dann denken Sie sich eine Belohnung aus – vielleicht ein paar Seiten mehr vorlesen am Abend, 10 Minuten länger Fernsehen oder am Computer oder natürlich das obligatorische Gummibärchen. Nun machen Sie es von Mal zu Mal schwerer für Ihr Kind, indem die Käsestücke immer kleiner werden. Haben Sie zwei oder mehr Kinder, können die anderen natürlich ebenso mitschnüffeln und ihr Votum abgeben. Vielleicht schreiben Sie die Ergebnisse mit und der Gesamtsieger darf sich am Ende einen Gewinn aussuchen.

Achtung! Immer eines nach dem anderen. Zuerst schnüffelt ein Kind, dann schnüffelt der Hund. Behalten Sie den Hund, während das Kind dran ist, im „Sitz!" an der Leine. Haben Sie einen ohnehin eher futter-

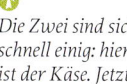
Die Zwei sind sich schnell einig: hier ist der Käse. Jetzt machen Sie es schwieriger!

neidischen Hund, wählen Sie definitiv die Spiel-Variante I.

Spiel-Variante I Ihr Kind steht nicht auf Käse? Dann wählen Sie statt der fressbaren Belohnung doch ein duftendes Tuch, das Sie unter eines der Siebe legen.

Spiel-Variante II Ist ja öde, sprach das Kind? Dann machen Sie es schwieriger, indem Sie zum einen statt dem Siebver-

steck den duftenden Käse in kleine Taschentuchbeutel legen, die Sie an knifflige Stellen hängen oder legen. Da müssen Hund und Kind erstmal klettern, sich ordentlich nach oben strecken oder in kleine Ecken kriechen, um eine Duftprobe zu nehmen und herauszufinden: Wo ist der Käse? Sind mehrere Kinder da, lassen Sie die Kinder die Verstecke aussuchen. Sie haben meist die besten Ideen und bleiben so mit noch mehr Eifer dabei.

Ideen für den Kinder- geburtstag!

Kleiderkönig!

Kinder lieben Verkleidungen und Wett- bewerbe – und Hunde. Bei diesem Spiel kommt alles zusammen. Das macht allen gute Laune!

Spielvorbereitung 1 Kinderkostüm aus mehreren Teilen, 1 Hund, Kinder, 1 Stopp- uhr

Spielstart Dieses Spiel sollten Sie vor dem Geburtstag mit Ihrem Hund mehrfach üben. Sie legen im Wohnzimmer oder auf dem Rasen drei Teile eines Kostüms aus: Prinzessinnen-Kleid, Prinzessinen-Hut, Prinzessinen-Schmuck. Fordern Sie nun Ihren Hund auf, Ihnen diese Dinge zu ap- portieren. Dafür machen Sie diese drei Ge- genstände für Ihren Hund interessant. Spie- len Sie kurz mit ihm damit. So können Sie auch sehen, ob Ihr Hund die Sachen über- haupt ins Maul nehmen mag. Bei dem Prin- zessinen-Schmuck habe ich mich beispiels- weise für Perlenketten entscheiden. Doch Jaden wollte und wollte sie nicht ins Maul

⬆ *Einer nimmt die Zeit, einer das Kos- tüm – wie schnell ist die Prinzessin fertig?*

nehmen. Darum habe ich die Ketten mit einem breiten Stoffband zusammengeknotet. Nun bringt Jaden die Ketten tadellos am Band. Da Ihr Hund inzwischen Schnüffelexperte ist, können Sie die Verkleidung mit einem bestimmten Apportierduft markieren. Nutzen Sie, was Ihr Hund gerade gelernt hat! Ziel des Übens ist, dass Ihr Hund die Teile der Verkleidung zügig zu Ihnen oder Ihrem Kind bringt. Am Geburtstag läuft das Spiel dann so ab: Jedes Kind darf sich einmal vom Hund die Verkleidung bringen lassen, die es dann Stück für Stück anzieht. Natürlich beginnt das Geburtstagskind. Von der ersten Aufforderung an den Hund, etwas zu bringen, bis zur fertig angezogenen Prinzessin wird die Zeit gestoppt. Es gewinnt das Kind, das am schnellsten fertig verkleidet war. Es darf beim nächsten Spiel die Prinzessin bleiben.

Achtung! Überlegen Sie sich gut, wann Sie dieses Spiel am Geburtstag ins Programm einbauen. Ich empfehle, es zu spielen, bevor der Hund ohnehin mit den Kindern durch den Garten tobt und nachdem sich der erste Trubel gelegt hat. Lassen Sie die Kinder vorher ein Bewegungsspiel machen, dann ist die erste Energie bereits verpufft. Es ist eher ein Spiel für eine kleine Kindergeburtstagsgruppe, damit jeder dran kommt, bevor der Hund die Lust verliert. Denken Sie an hundeängstliche Kinder, die man aus sicherer Entfernung zuschauen und teilhaben lässt – z. B. als Kind, das die Zeit stoppt.

Spiel-Variante Ich sage nur: Pirat, Cowboy, Fußballstar, Fee, Clown, Indianer – das Spiel lässt sich mit jeder Verkleidung spielen. Ohne Stoppuhr, dafür aber mit einem Kleidermix, der auf dem Rasen oder im Wohnzimmer verstreut ist. Der Hund wird immer wieder neu von der Mutter geschickt, um eines der Kleidungsstücke zu holen, ohne Einfluss auf die Auswahl zu nehmen. Vorab hat sich jedes Kind für eines der dreiteiligen Kostüme entschieden. Wer sein Kostüm als erster komplett hat, hat gewonnen.

Gut gemacht: Das Kind verteilt die Hundebelohnung und Sie knipsen ein Erinnerungsfoto.

Beste Freunde gefunden

es nicht schaden, wenn das Kind langsam von 1–25 zählt. In dieser Zeit versteckt sich ein zweites Kind. Damit der Hund wirklich auf die Nasensuche nach diesem Kind geht, braucht es eine grundsätzliche Vorgehensweise. Bevor das Spiel beginnt, wird der Hund von Kind 1 zu Kind 2 geschickt. Dabei nennt Kind 1 den Namen von Kind 2. Das zweite Kind lockt dabei

↑
Ganz ruhig macht sich ein Kind unsichtbar im Versteck. Ob der Hund es findet?

Schnüffeljagd …

… heißt: Es ist Zeit, sich einen guten Freund zu suchen, mit dem man etwas Tolles unternehmen kann. Zum Beispiel: seinen Hund!

Vorbereitung 2 Kinder, 1 Hund, ein Gelände oder Zimmer, in dem man sich gut verstecken kann

Spielstart „… acht, neun, zehn: Ich komme!" Der Klassiker unter den Kinderspielen ist das Versteckspiel. Jetzt wird es zum Nasenspiel für Kids. Dabei ist der Ablauf ganz simpel. Ein Kind ist bei seinem Hund, der im „Sitz-bleib!" bei ihm wartet. Dabei kann

den Hund zu sich und belohnt ihn mit einem dicken Leckerli, wenn der Hund bei ihm ankommt. Kind 2 hält dem Hund auch die Hände hin und lässt ihn an ein, zwei Kleidungsstücken von ihm schnüffeln: Handschuhen, Kappe oder Schal. Dann ruft Kind 1 den Hund wieder zu sich und schickt ihn erneut zu seinem Freund. Das zweite Kind darf sich dabei gerne etwas auf der Wiese (oder im Raum) bewegen. Das ist natürlich noch keine Suche, doch der Hund lernt: Er soll auf jeden Fall zu Kind 2 laufen. So weit, so gut vorbereitet und zurück zum Spiel: Hat sich Kind 2 nun gut versteckt, schickt Kind 1 den Hund auf die Suche: „Wo ist … Lukas, Marie, Malin."

Auf der Nasensuche zu dem versteckten Kind stößt der Hund auf die ein, zwei Kleidungsstücke, an denen er vorhin geschnüffelt hat und die deutlich nach Kind 2 riechen. Sie weisen ihm den Weg. Ist der Hund noch ein Such-Anfänger und wird unsicher, gibt Kind 2 leise Geräusche von sich. Das kann helfen, damit der Hund das grundsätzliche Prinzip des Spiels versteht.

Beim Aufspüren von jedem Gegenstand und vor allem beim Aufspüren des versteckten Kindes erwartet den Hund natürlich eine große Belohnung.

Achtung! Bei kleineren Kindern sollte in jedem Fall mindestens ein Erwachsener das Spiel betreuen. Spielen die Kinder im freien Gelände und nicht Zuhause im Garten, dann sollte der Hund unbedingt an der langen Leine bleiben.

Spiel-Variante Spannend wird es, spielt man das Spiel mit mehreren Kindern und mehreren Hunden auf einem richtig großen Areal. Immer zwei Kinder und ein Hund bilden dabei ein Team. Jetzt ist die große Frage: Findet der Hund wirklich das Kind aus seinem Team oder stößt er zuerst auf ein anderes verstecktes Kind? Sicher ein Spiel, das nach wenigen konzentrierten Wiederholungen zu einem herrlichen Tohuwabohu führt.

Nase voran hat Jaden das Mädchen gefunden. Natürlich hat es ein paar Leckerlis parat.

Ganz schön clever!

↑
Duftendes aus der Schatzkiste soll Jaden erkennen, alles andere: links liegenlassen.

Die Duftpiraten…

…machen es dem Hund nicht leicht. Sie machen nämlich herrliche Unordnung, aus der er den richtigen Duft fischen soll. Ob das klappt?

Vorbereitung (Schatz-)Kiste mit Dufttuch und diversen duftenden (Piraten-)Gegenständen, 1 Hund, beliebig viele Kinder

Spielstart Bevor der Hund ins Spiel kommt, sind die Kinder dran. Sie schleppen eine Schatzkiste an, in der sich viele duftende Gegenstände befinden. Natürlich hat die clevere Mutter zuvor mit dem Hund geübt, Gegenstände mit einem speziellen z. B. Piratenduft zu bringen, damit Kind wie Hund gleich zusammen einen neuen Erfolg feiern können – weil der Hund die

richtige Beute bringt. Jetzt sind aber nur die Kinder dran. Sie legen mit einer Zange Duftgegenstände im Garten aus, die idealerweise zur Welt der Piraten gehören: Augenklappe und Säbel, Piratenhut, Kopftücher und und und. Dazwischen werden neutrale andere Gegenstände auf dem

hund – hol unsere Beute!" auf die Suche. Nun ist das ganz sicher ein Spiel für clevere Hunde und gar nicht einfach. Darum kommt es jetzt auf die Reaktion der Kinder an. Bringt der Hund die geruchreichen Piratengegenstände, belohnen die Kinder den Hund nach großzügiger Piratenart. Bringt der Hund einen neutralen Gegenstand, bleiben die Kinder still, legen ihn wortlos zur Seite und schicken den Hund erneut los – bis die Schatzkiste wieder bis zum Rand voll ist mit toller Piratenbeute. Im zweiten Durchgang können die Gegenstände nicht einfach nur auf dem Gras ausgelegt, sondern richtig gut versteckt werden. Am Ende des Spiels steht die angemessene Belohnung – ich würde mal sagen: Würstchen für alle!

Achtung! Wie in der Spielbeschreibung bereits steht, ist das kein Spiel, das „mal eben so" klappt. Hier ist voller Eltern-Einsatz vorab gefragt, indem wir das Apportieren von duftenden Gegenständen üben. Und wie immer gilt bei Nasenspielideen für Kind und Hund: Bitte dabeibleiben, um die Kinder zu mehr Ruhe und einem besonnenen Umgang mit dem Hund anzuhalten. Gleichzeitig achten Eltern auf die Körpersprache des Hundes. Wird ihm der Trubel zu viel, brechen Sie das Spiel ab: „Ich glaube, unser mutiger Piratenhund legt sich mal 'ne halbe Stunde aufs Ohr."

Schwierig, schwierig: Jaden soll nur bringen, was nach Würstchen (und Abenteuer) duftet.

Spiel-Variante An einem Regentag kann man mit diesem Spiel den Hund durchs ganze Haus schicken. Der Hund wartet im Flur, bis die Kinder die duftenden Gegenstände im ganzen Haus verteilt haben. Dann geht es für ihn los – zur großen Hausdurchsuchung mit vollem Naseneinsatz und die Kinder neugierig hinterher.

Rasen platziert. Ein Kind holt den Hund dazu. Er wartet angeleint im „Sitz-bleib!", während die Kinder ihm das Tuch mit dem Duft schmackhaft machen. Dann lassen sie das Tuch in der Schatzkiste verschwinden, lösen die Leine und schicken den Hund mit einem Signal wie: „So, Du mutiger Piraten-

Adrett arrangiert!

Sockenbuffet

Ein echtes Sockenbuffet ist ein großer Haufen an sauberen Socken. Denn: Keine Sorge, das Kinderspiel soll nur die Hundenase trainieren.

Vorbereitung Sammeln Sie einzelne, bunte Kindersocken – ob mit oder ohne Loch ist völlig egal, Sie brauchen 1 Hund und 1 Kind

Spielstart Man nehme eine ausgediente Socke – vielleicht eine, bei der das Gegenstück einst in der Waschmaschine auf Nimmer-Wiedersehen verschollen ist – und stecke dort ein gut duftendes Leckerli hinein. So weit, so kinderleicht. Nun hat das Kind eine wichtige Aufgabe, denn es

muss seinen Hund für diese lecker gefüllte Socke interessieren. Das Kind wirft die Socke hoch, wedelt damit vor der Hundenase herum, wirft sie wie einen Ball und lässt sie sich vom Hund zurückbringen. Dafür wird der Hund belohnt – mit dem Leckerbissen aus der Socke. Begeistert sich der Hund für das Spiel mit der Socke, kann es weiter gehen. Das Kind versteckt die Socke und wartet, ob der Hund sie im Versteck erschnüffelt. Wenn das klappt, wird das Sockenbuffet aufgebaut. So viiiiele Socken wie nur möglich – im Herbst toll ergänzt durch trockenes, buntes Laub – türmen sich zu einem richtigen Sockenberg auf. Ganz tief da drinnen wird nun die gefüllte Socke versteckt. Der Hund, der bisher im „Sitz!" gewartet hat, bekommt sein Signal: „Hol die Socke!" und schon kann er seine Nase tief im Sockenhaufen vergraben, um mit der richtigen im Maul wieder aufzutauchen.

Achtung! Dieses Spiel ist wirklich kinderleicht und motiviert so ziemlich jeden Hund zum Mitmachen. Will Ihr Hund aber einfach nicht, dann erklären Sie es Ihrem Kind. Kein Hund macht alles mit und bestimmt kann Ihr Hund etwas ganz anderes

Kinderleichte Aufgabe, tierische Belohnung: Die Duftsocke ist gefunden, samt Leckerli!

mit Ihrem Kind auf die Beine stellen, davon bin ich fest überzeugt. Denken Sie immer daran: Kind und Hund brauchen in jedem Fall Ihre Unterstützung, damit das Spiel wirklich erfolgreich für beide Mitspieler abläuft. So werden die Kindernasenspiele direkt zum echten Familienvergnügen!

Spiel-Variante I Geben Sie Ihrem Kind ein großes Tablett oder eine große Servierplatte. Dann plündern Sie den „Schwarze-Socken-Vorrat" des nächst erreichbaren Bürogängers, um eine Reihe an völlig gleich aussehenden Socken zu bekommen. In eine Socke füllt Ihr Kind das Leckerli. Die gefüllte Socke wird kurz für den Hund interessant gemacht, der im Nebenzimmer wartet. Dann legt das Kind die Duftsocke ganz unauffällig zu den anderen adrett angerichteten Socken dazu. Es ist ein Vergnügen zu sehen, wie der Hund nun die Sockenparade abschnüffelt.

Spiel-Variante II Vielleicht kennen Sie diese Spiel-Variante schon so ähnlich aus meinem Buch „Hundespiele". Jetzt hängen Sie die Socken nämlich auf die Leine – ganz locker. Der Hund soll die Duftsocke mit dem Leckerbissen nicht nur erkennen, er soll sie ziehend von der Leine holen. Dabei machen Sie das Spiel spontan schwieriger, indem Sie die Leine mit den Händen immer höher halten.

Jeder Tag ist Nasentag

Die Allzwecknase

Sie öffnen täglich für den Hund die Dose oder bringen ihm das Fleisch vom Metzger. Dann kann Ihr Hund auch etwas für Sie tun – jeden Tag.

Alltag – die tägliche Herausforderung!

Wenn ein Hund souverän reagiert, ist der Mensch entspannt. Ist der Mensch klar und deutlich in seinem Verhalten für den Hund, gibt es täglich verlässliche Routinen und feste Zeiten für alle Hundetageshöhepunkte vom Gassigehen bis zum Füttern und Bürsten, dann ist der Hund entspannt. Diesen Idealzustand erreicht man nicht von allein und schon gar nicht jeden Tag gleichermaßen. So ist das Leben eben: Unverhofft kommt oft. Je mehr Sie sich mit Ihrem Hund zusammenraufen und ein echtes, gemeinsames Rudelleben entwickeln, desto schöner wird das Zusammenleben. Mit dem Griff zu diesem Buch, in dem Sie immerhin schon ganze 80 Seiten gelesen und hoffentlich durchgespielt haben, haben Sie bereits eine ganze Menge zum entspannten Miteinander getan. Denn: Längst nicht nur der Gang zur Hundeschule ist echtes Training. Jede Beschäftigung mit dem Hund fordert ihn und fordert Sie. Man lernt sich besser kennen, man gewinnt gemeinsam Selbstbewusstsein und ist manchmal gemeinsam k. o. – weil Spiele von Mensch wie Hund den Einsatz von Kopf und Körper fordern.

Darum: Spielen Sie weiter und nutzen Sie spielerische Mittel für die Erziehung Ihres Hundes.

Sehen Sie genauer hin!

Hunde können enorm viel lernen. Es lohnt sich, in Ihrem Alltag genau hinzuschauen: An welcher Stelle kann Ihr Hund Sie aktiv unterstützen? Gerade für die Nasenarbeit gibt es tolle Beispiele: Hunde tragen nicht nur gerne den Schüsselbund vom Auto ins Haus, sie spüren ihn auch auf, wenn man ihn mal nicht finden kann. Ebenso kann ein Hund das irgendwie immer verlegte Handy bringen oder wie Jessy, die Australian-Shepherd-Hündin aus dem Buch: Sie bringt verlorenes Kleingeld zurück. Wenn das kein Gewinn ist…

Sie werden gleich einige Ideen finden, die dem Hund in seinem Alltag helfen. Oft ist unsere Welt nämlich sehr verwirrend für Hunde, gerade für Welpen. Nutzen Sie die Nase, um Ihrem Hund Mut zu machen. Nutzen Sie das Können Ihres Hundes, damit er sich auch selbst etwas Gutes tun kann. Wenn das Buch dann langsam ausgelesen ist, geht Ihr Spielspaß hoffentlich weiter und wenn Sie gute und bessere Ideen haben, schreiben Sie mir gerne!

Wurstwege machen Mut – zum Ersten

Jungen Hunden und vielen aus dem Tierschutz übernommenen Hunden sind die Dinge unseres Alltags fremd: Mülltüten, Fahrräder, sich öffnende Regenschirme. Auf schnüffelndem Wege machen Sie es ihnen leicht, mutiger zu werden und

Neues zu erkunden. Üben Sie im ersten Schritt mit Ihrem Hund, einer aus Leckerlis gelegten kurzen Spur zu folgen – also von Punkt A Leckerli für Leckerli fressend zu Punkt B zu gehen. In der Vorbereitung reichen Distanzen von vier, fünf Schritten. Es ist ja nicht unser Ziel, möglichst weit zu kommen, sondern möglichst nah an den für den Hund „gefährlichen" Gegenständen vorbei zu gehen, bis sie richtig beliebt beim Hund werden. Oder doch zumindest einfach okay für ihn.

Übrigens: Es kann sein, dass Ihr Hund in für ihn unsicheren Situationen nicht für das gewohnte Übungsleckerli arbeitet. Immerhin leistet er hier ja etwas Besonderes, darum halten Sie eine besonders gute Belohnung bereit. Nehmen Sie beim tatsächlichen Praxiseinsatz für die kurzen Schnüffeldistanzen richtig gute Wurststückchen. Legen Sie im wahrsten Sinne des Wortes Wurstwege, um Ihren Hund mutiger und damit selbstsicherer zu machen. Ein innerlich ausgeglichenes Wesen ist das, was einen Hund auszeichnet. Souveränität macht einen Hund zum traumhaften Lebenspartner für uns Menschen und sie macht ihn zum gern gesehenen Hund unter Hunden.

Langsame Annäherung

Ohne großes Trara nehmen Sie die Wurststückchen in der Jackentasche mit auf Ihren normalen Spaziergang. Legen Sie dabei einfach mal ein Wurststückchen auf den Boden. So verknüpfen die schlauen Hunde nicht gleich das Auslegen von Wurststückchen mit: „Achtung, jetzt kommt Gefahr!" Hunde sind beim Erkennen von Gesetzmäßigkeiten leider ziemlich gut. Nun kommen Sie vielleicht einem Haufen von Gelben Säcken oder einigen

Wackelige Wege erkunden – mutig Nase voran!

⬇ *Über raschelnde Folie – mutig Nase voran!*

Mülleimern näher. Legen Sie ganz gelassen eine Leckerlispur, die an die Mülleimer heranführt. Ihr Hund wartet dabei im „Sitz!". Dann darf er auf Ihr Signal hin losfuttern. Schritt für Schritt überwindet er die Scheu vor diesen großen Dingern. Hat das gut geklappt, loben Sie Ihren Hund und gehen Sie weiter. Kommen Sie auf dem Rückweg nochmal an dieser Stelle vorbei, legen Sie nun eine etwas schwierigere Spur: Lassen Sie die Wurstwege zwischen den Mülleimern hindurch verlaufen. Folgt Ihr Hund auch jetzt genüsslich den Leckerbissen? Dann hat er tolle Fortschritte gemacht. Wiederholen Sie diese Übung noch mehrmals, bis Sie das Gefühl haben, dass Ihr Hund cool bleibt. Dieses Alltags-Nasenspiel können Sie für alles nutzen, wovor Ihr Hund zurückscheut. Nur bitte: Immer eins nach dem anderen!

⬇ *Ohne Berührungsängste folgt der Hund seinem Wurstweg – mutig Nase voran!*

⬆ *Durch Hindernisse – mutig Nase voran!*

Wurstwege machen Mut – zum Zweiten

Vorsicht Fremder? Mmmm... Würstchen!

Die tolle Kiste: Hundebox!

- Die Box hilft Ihrem Hund zur Ruhe zu kommen.
- Die Box im Kofferraum gibt Ihrem Hund maximale Sicherheit auf jeder Autofahrt.
- Schlafen Welpen in einer Box, melden sie sich sofort, wenn sie müssen – das vereinfacht die Erziehung zur Stubenreinheit.
- Übrigens: Die Box ist immer so groß, dass Ihr Hund darin bequem stehen und sich drehen kann!

In die Box!

Exakt wie bei den Mülleimern oder Gelben Säcken können Sie Ihrem Hund die Hundebox schmackhaft machen. Legen Sie zunächst eine kurze Spur, die um die Box herumführt. Dann legen Sie die Spur von der Seite der Box bis tief ins Innere. Motivieren Sie dabei Ihren Hund mit Ihrem „Such-das-nächste-Leckerli-Signal", doch machen Sie keinen Druck. Lassen Sie Ihren Hund dem Wurstweg in die Box so weit folgen, wie er mag. Loben Sie ihn für jede Pfote, die er gewagt hat, in diesen komischen Kasten zu setzen. Doch: Geben Sie Ihrem Hund beim Box-Training nie Leckerbissen außerhalb der Box. Schließlich soll der Spaß für ihn ja in der Box stattfinden. Er soll die Box rich-

tig toll finden und in Zukunft sehr gerne dort drinnen kurze Zeit verbringen.

Der Unterschied zwischen dem Wurstweg in die Box und dem einfachen Reinwerfen von Leckerlis ist, dass Ihr Hund auf dem Wurstweg so konzentriert von Leckerbissen zu Leckerbssen schnüffelt, dass er gar nicht realisiert, wohin ihn der Weg führt. Beim Fototermin konnten wir toll sehen, wie das mit einem gar nicht Box-gewöhnten Junghund geklappt hat (auch wenn die Box etwas zu klein war). Mutiger Feldmann!

Mensch!

Gehört Ihr Hund zu der Spezies, die mit Menschen außerhalb Ihres Familienrudels nicht gut klarkommt? Dann habe ich zum Schluss noch eine Idee für Sie: Legen Sie Wurstwege zum Fremden. Ideal ist es, wenn der Mensch sich zunächst hinsetzt und die Wurstspur um den neuen Menschen herum oder über seine Beine führt.

So läuft man nicht Gefahr, dass sich der Hund durch das Herunterbeugen eines Fremden oder andere Gesten plötzlich unwohl fühlt. Es gäbe ja die ganz einfache Möglichkeit, den Hund von Fremden mit Leckerlis füttern zu lassen. Doch das führt zu vielen Verhaltensweisen, die wir langfristig gar nicht wollen. Zum Beispiel: Hunde lernen so, dass sie bei anderen Menschen Leckerbissen bekommen und laufen später bettelnd von Mensch zu Mensch. Zudem sind Hunde manchmal sehr stürmisch, wenn Leckerlis in Aussicht sind. Können Sie sicher sein, dass der Hund den Fremden nicht in die Finger zwickt oder an ihm hochspringt? Gleichzeitig kennen Sie bei Hunden aus zweiter Hand nicht die komplette Vorgeschichte. Alles unnötige Risiken. Legen Sie stattdessen einen Wurstweg, bleibt der Fremde passiv und Sie sind es, der mit dem Hund arbeitet und ihn belohnt. Sie lassen ihn dabei ohnehin an der Leine und haben ihn unter Kontrolle.

Mit gewisser Vorsicht über das erste Bein ...

... mit gutem Geschmack die Begegnung mit dem Fremden überstanden!

Das finale Nasenspiel!

Kurz schnüffeln am duftmarkierten Klebezettel und das Spiel kann beginnen.

Wasserträger & Wassertrinker

Ein Nasenspiel, das den Alltags-Tauglich-keits-Test bestanden hat. Denn: Ihr Hund holt sich, was er braucht. Und das geht so …

Vorbereitung 1 Kunststoffwassernapf, 1 kleine Plastikflasche, Klebezettel, Duft

Spielstart Zeigen Sie Ihrem Hund einen Klebezettel, den Sie mit einigen Tropfen eines bestimmten Duftes benetzt haben. Ideal ist, wenn dieser Duft nicht allzu

alltäglich ist. So kann Ihr Hund ihn gut von anderen unterscheiden. Hat er diesen Duft an einem Gegenstand entdeckt, soll er Ihnen den Gegenstand bringen. Dafür müssen Sie Ihren Hund zunächst für den Duft interessieren. Anschließend kleben Sie den Duftzettel auf die Wasserflasche. Nun schicken Sie den Hund auf Duftsuche und belohnen Sie ihn, wenn er die Flasche daraufhin ins Maul nimmt. Dann rufen Sie ihn zu sich. Vielleicht haben Sie ein Signalwort dafür wie „Bring's!", dann wird es um so leichter. Verstecken Sie nun die Flasche. Bringt Ihr Hund sie zu Ihnen? Sehr gut. Füllen Sie nun die Flasche mit etwas Wasser, damit Ihr Hund lernt, sie auch gefüllt zu Ihnen zu tragen. Damit ist die Hälfte des Spiels bereits perfekt. Im zweiten Schritt kleben Sie den Duftzettel an den Wassernapf. Die Flasche räumen Sie zuvor ganz weg. Den Napf stellen Sie zunächst in nur wenig Entfernung auf. Geht Ihr Hund schnüffelnd zum Napf? Motivieren Sie Ihren Vierbeiner, Ihnen nun auch den Napf zu bringen. Danach verstecken Sie den Napf. Stöbert Ihr Hund ihn auf? Bringt er ihn? Dann bitte: Groooßes Lob! Nun geht

es darum, beides miteinander zu kombinieren. Stellen Sie zunächst die Flasche mit Duft-Klebezettel und den Napf mit Duft-Klebezettel gut sichtbar für den Hund auf. Natürlich ist auf beiden Zetteln der gleiche Duft. Nun fordern Sie Ihren Hund auf, beides zu Ihnen zu bringen – die Reihenfolge ist egal. Hat das geklappt, verstecken Sie beides gut im Garten oder im Haus. Dann schicken Sie Ihren Hund auf die Nasensuche. Apportiert er beide Gegenstände, hat er sich einen ordentlichen Schluck Wasser aus dem Napf verdient!

Achtung! Achten Sie darauf, dass an dem Wassernapf abgerundete Kanten sind und lassen Sie den Hund die spieltaugliche Flasche auswählen. Viele Hunde bevorzugen die 0,5-Literflaschen aus weicherem Kunststoff, andere tragen gerne die großen Pfandflaschen aus Hartplastik. Denken Sie an die Größe des Hundemauls.

Spiel-Varianten Sie können das duftende Post-it natürlich auch auf jeden anderen Gegenstand kleben. Wenn Ihr Hund einmal gelernt hat, bei diesem speziellen Duft

immer den Gegenstand zu bringen, können Sie den Klebezettel für alles Einsetzen – ganz variabel. Heute für die Hundebürste, morgen für Ihre Hausschuhe, übermorgen für die Fernbedienung. Jede neue Aufgabe ist eine neue Herausforderung – für den Hund und seine Nase. Viel Spaß!

Gesucht, gefunden: Klebezettel mit Duft am Napf und an der Wasserflasche.

Wow – der Hund versorgt sich selbst mit Wasser. Der Mensch darf reichlich einschenken!

Zum Schluss – Hundenase im Urlaub

Nach der Radtour: Pause. Nach dem Fressen: Pause. Und nach dem Schnüffeln? Schicken Sie die Hundenase in Urlaub – und den Hund gleich mit.

Mit Signalwort

„Urlaub" heißt bei mir das Signalwort für den entspannten Rückzug ins Hundebett. Das Besondere: Während mein Hund Jaden „Urlaub" macht, wird er nicht gestört – weder von kuschellustigen Kinderhänden, noch von animierend hervorgeholten Spielzeugen oder sonstigem Tohuwabohu vor dem Liegeplatz. „Urlaub" ist ein Signal, das einem ganz bestimmten Hundekorb gilt. Jaden weiß inzwischen längst, das Signalwort bedeutet: sein Job ist getan. Er hat frei. Und was machen Hunde am liebsten in ihrer Freizeit: Schlafen natürlich.

Die verdiente Auszeit

Vielleicht erinnern Sie sich an die Fakten aus dem ersten Kapitel: „Um maximal viele Duftinformationen aufnehmen zu können, atmen Hunde beim Schnüffeln bis 300 Mal pro Minute. Dabei steigen Pulsfrequenz und Körpertemperatur des Hundes. Sein ganzer Organismus reagiert wie bei einer sportlichen Höchstleistung der Muskulatur. Das erklärt, warum Nasenarbeit für den Hund enorm anstrengend ist. Aus diesem Grund arbeiten professionell schnüffelnde Hunde wie Rauschgift- und Brandspürhunde nie länger als 15 – 20 Minuten. Danach haben Sie sich eine mehrstündige Pause verdient." Ob also Lawinensuchhund oder Hobby-Suchnase, wer mit Hunden konzentriert arbeitet, der weiß: eine Auszeit ist wichtig und unerlässlich.

Hatschi!

Übrigens: Haben Sie es schon gemerkt, dass Hunde häufig niesen. Gerade wenn sie Abgase oder bestimmte Düfte in der Nase kitzeln – wie Parfüm oder Haarspray. Ist ein kleiner Fremdkörper in die Nase geflogen, kann das Niesen so heftig ausfallen, dass der Hund mit dem Kopf auf den Boden aufschlägt. Keine Sorge also beim „Hatschi!" mit Bodenkontakt. Ihr Hund hilft damit nur etwas nach, um seine Nase frei zu bekommen.

Zwischendurch: Bewegung!

Selbstverständlich gilt das für alle Beschäftigungen mit dem Hund – auch nach dem Hundeplatz. Allerdings sollte der Zusammenarbeit nicht direkt der Gang zum Schlafplatz folgen. Hunde brauchen Bewegung und Ablenkung um die innere Anspannung abzubauen, dann erst folgt das Signal „Urlaub". Ein Signal übrigens, das ich jetzt auch gerne hören würde, nachdem ich die letzten Zeilen dieses Buches ge-

Was der Hundenase gut tut!

- Immer genügend frisches Trinkwasser – auch unterwegs
- Keine Seife an die Hundenase beim Baden
- Berührungen direkt an der Nase vermeiden, ebenso Näpfe mit scharfen Kanten
- Vor allem: Planen Sie großzügig Zeit ein an Laternenpfählen und anderen tierischen Markierungstreffpunkten. Lassen Sie Ihren Hund Nase voran in Ruhe die Nachbarschafts-Duftnews „lesen".

schrieben habe. Doch: Mein Hund ist anderer Meinung. Ein fertiges Buch heißt für ihn: Weniger Zeit unterm Schreibtisch, mehr Zeit unterwegs. Also, ich bin dann mal weg. Und Sie? Kommen Sie doch gleich mit!

Zum Weiterschnüffeln

Service

Zum Weiterlesen aus dem KOSMOS Hundeprogramm

Blenski, Christiane:
Hunde erziehen, ganz entspannt.
Motivierender Ratgeber zur Hundeerziehung mit positiver Bestärkung, Schritt-für-Schritt-Erklärungen und unterhaltsamen Kolumnen aus dem Leben mit Hund.

Blenski, Christiane:
Hundespiele.
Über 50 neue Spielideen für kleine und große Hunde, die man im Haus, beim Spaziergang und mit der ganzen Familie spielen kann

Donaldson, Jean:
Hunde sind anders.
Der Klassiker für ein völlig neues Verständnis für das Zusammenleben mit Ihrem Hund. Ein Muss für jeden Hundefreund!

Feddersen-Petersen, Dorit:
Hundepsychologie.
Für alle, die in bisschen tiefer und wissenschaftlicher ins Thema Hundeverhalten eintauchen möchten, ein kluger Klassiker.

Feddersen-Petersen, Dorit:
Ausdrucksverhalten beim Hund.
Ausdrucksverhalten umfassend und aus wissenschaftlicher Sicht erklärt.

Kopelman, Jay:
Lava und ich.
Eine aufwühlende Geschichte aus dem Irak-Krieg, in dem die Rettung eines Welpen alles ändert.

Lausberg, Frank:
Erste Hilfe für Hunde für unterwegs.
Der schnelle Überblick, was bei Unfällen und Verletzungen zu tun ist! Überlassen Sie in Notfällen nichts zum Zufall!

Schneider, Dorothee und Hölzle, Armin:
Fährtentraining für Hunde.
Viel Wissen über die Hundenase und ein toller Einstieg in die Fährtenarbeit – inklusive Prüfungsvorbereitung und Problemlösungen von A bis Z.

Tellington-Jones, Linda:
Tellington-Training für Hunde.
Lernen Sie TTouch kennen und nutzen Sie diese Art der Massage und Verständigung mit dem Hund – ein Praxisbuch!

Sabine Winkler
So lernt mein Hund.
Viel sehr gut erklärte Theorie, die man in der Praxis perfekt nutzen kann, um mit dem Hund erfolgreich zu trainieren.

Weiershausen, Anja:
Populäre Irrtümer über Hunde.
Von kalten Schnauzen, bunten Hunden und des Pudels Kern – der unterhaltsame Mix aus spannenden Informationen und amüsantem Lesestoff.

Zimek, Tatjana:
Filmstars auf vier Pfoten.
Das ideale Buch für alle, die wissen wollen, was ein Hund alles lernen kann – gibt Tipps, viele tolle Storys und Lebenserfahrung weiter und vor allem ganz viel Motivation. Lesen!

Nützliche Adressen

**Verband für das Deutsche
Hundewesen e. V. (VDH)**
Westfalendamm 174
44141 Dortmund
info@vdh.de
www.vdh.de

**Österreichischer Kynologenverband
(ÖKV)**
Sigfried Marcus Straße 7
2362 Biedermannsdorf
Österreich
office@oekv.at
www.oekv.at

**Schweizerische Kynologische
Gesellschaft (SKG)**
Brunnmattstraße 24
3007 Bern
Schweiz
skg@skg.ch
www.skg.ch

Nützliche Websites

www.hundeschule-im-kopf.de
Die Homepage der Autorin Christiane
Blenski

www.spass-mit-hund.de
Hundespiele, Tricks und Clicker-Training
ausführlich erklärt

www.dogdance.de
Tipps, Wissen und beeindruckende
Beispiele für einen spielerisch-anspruchs-
vollen Spaß mit Hund

www.cairn-energy.de
Der ultimative Newsletter über aktuelle
Hundebücher

www.webtierarzt.net
Hier gibt es kompetente Antwort rund um
die Hundegesundheit.

Mein Dank
Ich danke Renate Albrecht von der
Hundeschule „Dogs in Motion" und
Katy Schwania für die Möglichkeit, auf
herrlichen Wiesen mit tollen Teams zu
fotografieren. Ich danke der Fotografin
Vivien Venzke für die herrlich unkom-
plizierte Zusammenarbeit und immer-
immerimmer wieder meinem fabel-
haften Aussie Jaden – für alles!

Register

Bildnachweis

Alle Farbfotos wurden von Vivien Venzke / Kosmos extra für dieses Buch aufgenommen.

Impressum

Umschlaggestaltung von eStudio Calamar unter Verwendung von Farbfotos von Verena Scholze / Kosmos (U1) und Vivien Venzke / Kosmos (U4). Das Titelfoto zeigt einen Kurzhaar-Dackel.

Mit 160 Farbfotos

Unser gesamtes lieferbares Programm und viele weitere Informationen zu unseren Büchern, Spielen, Experimentierkästen, DVD, Autoren und Aktivitäten finden Sie unter **www.kosmos.de**

Gedruckt auf chlorfrei gebleichtem Papier

© 2009, Franckh-Kosmos Verlags-GmbH & Co. KG, Stuttgart
Alle Rechte vorbehalten
ISBN: 978-3-440-11618-0
Redaktion: Ute-Kristin Schmalfuß
Gestaltungskonzept: eStudio Calamar
Gestaltung und Satz: Atelier Krohmer
Produktion: Eva Schmidt
Printed in Germany / Imprimé en Allemagne

Alle Angaben und Methoden in diesem Buch sind sorgfältig erwogen und geprüft. Sorgfalt bei der Umsetzung ist indes doch geboten. Verlag und Autorin übernehmen keinerlei Haftung für Personen-, Sach- oder Vermögensschäden, die im Zusammenhang mit der Anwendung und Umsetzung entstehen könnten.